高职高专规划教材

BIM 建模与深化设计

主编　李　军　潘俊武

副主编　李德贤

中国建筑工业出版社

图书在版编目（CIP）数据

BIM建模与深化设计/李军，潘俊武主编．—北京：中国建筑工业出版社，2019.6（2022.2重印）
高职高专规划教材
ISBN 978-7-112-23598-8

Ⅰ.①B… Ⅱ.①李… ②潘… Ⅲ.①建筑设计-计算机辅助设计-应用软件-高等职业教育-教材 Ⅳ.①TU201.4

中国版本图书馆CIP数据核字（2019）第068105号

本书共分7个单元，内容包括Revit概述、BIM土建建模基础、BIM给水排水建模基础、BIM暖通空调建模基础、BIM电气建模基础、BIM模型深化设计、BIM出图与出量。

本书可作为职业院校教学用书，也可作为BIM相关专业参考用书。

为便于本课程教学，作者自制免费课件资源，请发送至10858739@qq.com索取。

责任编辑：朱首明　刘平平

责任校对：党　蕾

高职高专规划教材
BIM建模与深化设计
主编　李　军　潘俊武
副主编　李德贤
*
中国建筑工业出版社出版、发行（北京海淀三里河路9号）
各地新华书店、建筑书店经销
北京佳捷真科技发展有限公司制版
北京建筑工业印刷厂印刷
*
开本：787×1092毫米　1/16　印张：9　字数：190千字
2019年5月第一版　2022年2月第二次印刷
定价：**31.00**元（赠课件）
ISBN 978-7-112-23598-8
（33885）

编写组成员

李　军　杭州品茗安控信息技术股份有限公司
潘俊武　浙江建设职业技术学院
李德贤　浙江建设职业技术学院
黄晓丽　闽西职业技术学院
高展望　天津大学仁爱学院管理系
何煊强　闽西职业技术学院
解小娟　柳州铁道职业技术学院
李　益　重庆房地产职业学院
刘　星　闽西职业技术学院
罗振华　西南石油大学土木工程与建筑学院
孟繁敏　中北大学
彭　锐　云南交通职业技术学院
唐善德　广西水利电力职业技术学院
王昱鸥　兰州交通大学
肖万娟　广西生态职业技术学院
郑小曼　重庆房地产职业学院
朱亚飞　河南商丘学院

前　言

随着BIM技术在各类工程项目中应用的日益推进，对一线工程技术人员专业知识也提出了新的要求。新时期的建筑工程技术专业人员，既要具备过硬的本专业知识和素养，也要熟悉相关专业的知识，同时应具备BIM技术的基本素养和一定的软件操作技能。面对这样的实际要求，国内大量的高职院校和应用类本科院校开始调整人才培养的方式，开设了不少基于BIM技术实务的课程。本教材的编写也正是基于这样的思路，将与BIM技术基础应用结合最紧密的施工图识读技能实务课程与BIM技术建模课程进行了结合，根据学生学习知识的基本规律，在学习各专业施工图识读的过程中，以实际工程项目为例进行BIM建模、翻模、深化设计等各方面知识的导入和融通，以期达到在熟悉实际工程项目施工图的基础上具备一定的真实项目BIM建模实务能力的学习目标。

本教材的教学样例项目素材大部分由杭州品茗安控信息技术股份有限公司提供，由杭州品茗安控信息技术股份有限公司和浙江建设职业技术学院负责主要编写，另有高展望、何煊强、黄晓丽、解小娟、李益、刘星、罗振华、孟繁敏、彭锐、唐善德、王昱鸥、肖万娟、郑小曼、朱亚飞等参与编写与校审工作。

本教材的内容组织方式与传统教材有一定区别，以完成项目实务所需的基本技能学习作为任务导向，同时与微课等多媒体教学资源紧密结合。本教材适用于高等职业院校和应用类本科院校BIM技术相关课程，也可作为企业一线BIM应用类技术人员岗前培训的教材。由于BIM技术及其实务类课程在国内院校中开设的时间较短，本教材在编写中难免出现疏漏与不当之处，希望在使用中获得高校师生和企业读者的宝贵意见，为本教材的改进提供依据。

目　　录

1 Revit 概述

1.1.1 BIM 与 Revit Architecture

BIM 是当前工程建设行业炙手可热的技术，正以破竹之势引起一场建设行业的信息化技术革命。

BIM 全称为 Building Information Modeling，翻译成中文即为：建筑信息模型，是以建筑工程项目的各项相关信息数据为基础，建立建筑物实体的三维模型，通过数字信息仿真模拟建筑物所具有的真实信息，为设计、施工、运营提供项目全生命周期的信息化过程管理。

Revit 系列软件是当前国内应用最广的 BIM 创建工具，由全球领先的数字化设计软件供应商 Autodesk 公司开发。目前推出的专业软件包括 Revit Architecture（Revit 建筑版）、Revit Structure（Revit 结构版）、Revit MEP（Revit 设备版—暖通、电气、给水排水）三款专业设计工具。

Revit Architecture 是针对广大建筑设计师和工程师开发的三维参数化建筑设计软件。经历多次版本更新和升级，目前的 Revit Architecture 版本整合了 Revit Structure 和 Revit MEP 功能，即使用 Revit 全系列的功能。Revit Architecture 的主要功能包括建立建筑、结构、设备专业的 BIM 模型、BIM 模型参数化自定义、BIM 模型碰撞检查和设计协调、3D/2D 出图及工程量统计等。

1.1.2 Revit 的基本功能特点

RevitArchitecture 软件具有延续性，每年都在不断地更新升级中，本书所介绍的 Revit 基本功能特点以 Revit 2017 为例。Revit 2017 的基本功能特点体现在以下几个方面：

1. 创建可视化三维模型并同步生成平、立、剖面图、详图等图纸

在 Revit 软件中，所有的操作都是在三维可视化的环境下完成的。模型提供包括建筑、结构、给水排水、暖通、电气等在内完整的数字模型，项目设计、建造、运营过程中的沟通、讨论、决策都可在可视化的状态下进行。建立三维模型后，软件能够自动生成平、立面图纸，快速生成剖面图、详图及透视图。

2. 关联修改

模型中的对象互相关联，系统可以对模型的信息进行统计和分析，并生成相应的图形和文档。如果模型中的某个对象发生改变，与之关联的所有对象都会随着改变。即具有一处修改，处处修改的特性。

例如，当我们修改平面图中窗的尺寸，则同时会在立面图、剖面图、三维图、窗的统计表等相关联的视图或图表上进行更新并显示出来。

3. 生成明细表，进行工程量统计

Revit 2017 具有实时统计工程量的功能，可以根据需要实时输出任意构件的明细表，可以按照工程进度的不同阶段分期统计工程量。

4. 设计集成

从最初的方案设计到最终完成施工图设计，生成三维漫游动画，能做到一步到位，避免以往工作模式中的数据流失和重复劳动。

5. 完成专业协调与设计优化

完成土建与设备模型后，可以在 Revit 2017 内部的协作功能下进行或导出至 Navisworks 软件碰撞检查，并完成设计优化。Revit 2017 软件可以帮助业主输出以下图纸：综合管线图（经过碰撞检查和设计修改，消除了相应错误以后的图纸）、综合结构留洞图（预埋套管图）和碰撞检查报告。

1.1.3 族的概念

Revit 2017 简介

Autodesk Revit 中所有的图元，例如墙、门、窗等，都是使用族建立的。“族”是 Revit 中使用的一个功能强大的概念，有助于我们更轻松地管理数据和修改。每个族图元能够在其内定义多种类型，根据族创建者的设计，每种类型可以具有不同的尺寸、形状、材质设置或其他参数变量。正是因为族概念的引入，用户才实现了参数化的设计。族可以保存为独立的后缀为“.rfa”格式的文件。

族分为可载入族、内建族和系统族三类。

可载入族是指使用族样板在项目外创建的 rfa 文件，可载入到项目中，具有高度可自定义的特征，因此可载入族是用户最经常创建和修改的族。

内建族是指在当前项目中新创建的族，它与可载入族的不同在于，内建族只能存储在当前的项目文件里，不能单独存放成 rfa 格式文件，也不能用在别的项目文件中。

系统族是指 Autodesk Revit 已经在项目中预定义并只能在项目中进行创建和修改的族类型（如标高、轴网、屋顶、楼板等）。它们不能作为外部文件载入和创建，但可以在项目和样板之间复制，粘贴或者传递系统族类型。

在族的“创建”选项卡下，“形状”面板中，有“拉伸”、“融合”、“旋转”、“放样”、“放样融合”五种建模工具为族创建三维实体，“空心形状”工具则为族创建洞口。族的操作界面如图 1-1 所示。

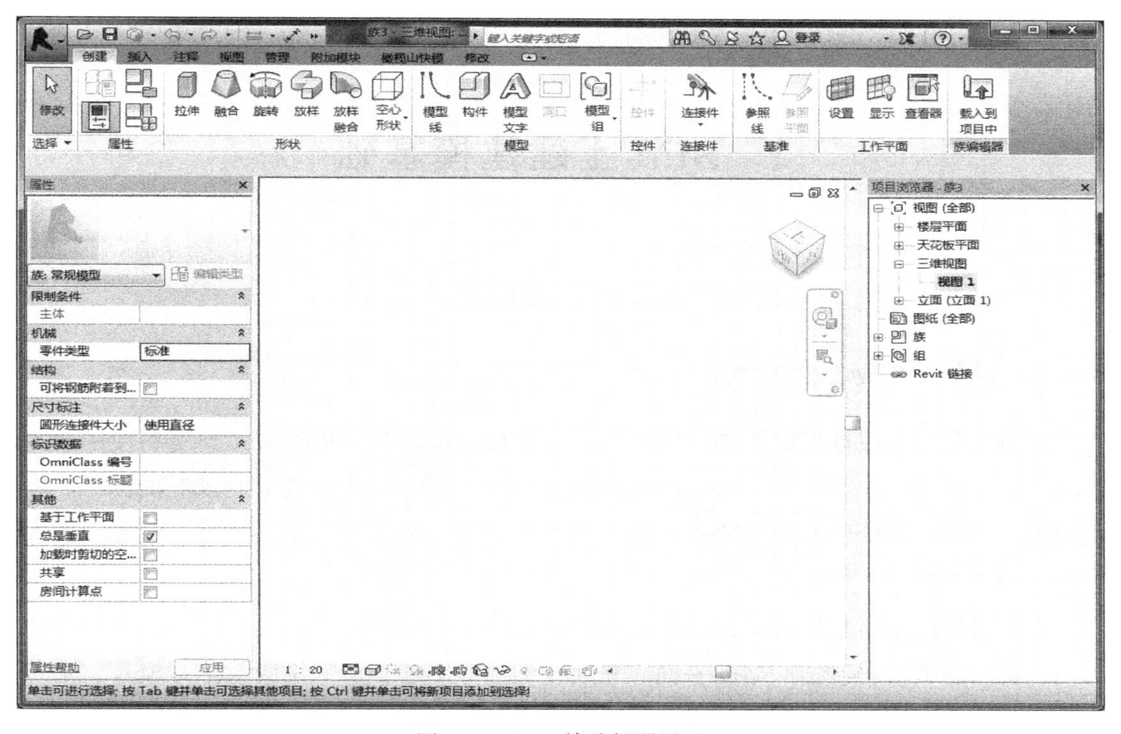

图 1-1 Revit 族编辑器界面

2 BIM 土建建模基础

2.1 建筑施工图的基本知识

2.1.1 建筑工程施工图的概念

建筑工程图是根据投影原理，按照国家制图标准绘制的，用来表示新建房屋的规划位置、外部造型、内部布置、内外装修、细部构造、固定设施及施工要求等的图纸。根据建筑工程建设各阶段的不同要求，建筑工程图又分为方案设计图、建筑工程施工图和建筑工程竣工图。

方案设计图主要是征求建设单位意见，并供规划、消防、卫生、交通、人防等主管部门审批的图纸。它包括简略的平面、立面、剖面等图样，文字说明及工程概算；建筑工程施工图是在已批准的方案设计图的基础上，对设计方案予以具体化，为施工单位提供的完整的施工图；建筑工程竣工图是工程完工后，按实际建造情况绘制的图样，作为技术档案保存，以便于运维管理时查阅。

2.1.2 建筑工程施工图的内容

一套完整的建筑工程施工图包含以下内容：图纸总封面、各专业图纸、工程预算书。

各专业图纸分别为：总平面图、建筑施工图（简称建施）、结构施工图（简称结施）、给水排水施工图（简称水施）、电气施工图（简称电施）、暖通空调施工图（简称暖施）。水施、电施、暖施统称为设备施工图（简称设施）。

其中，建筑施工图包括：建筑总平面图、图纸目录、建筑设计总说明、建筑节能、建筑平面图、建筑立面图、建筑剖面图、建筑详图。

建筑施工图是用来作为施工定位放线、内外装饰做法的依据，也是结构、水、电、暖通施工图的依据。

2.2 建筑施工图的常用图例

房屋建筑总图、建筑、结构、给水排水、暖通空调、电气等专业施工图，均应符合《房屋建筑制图统一标准》GB/T50001—2017 要求。

图例是建筑施工图纸上用图形来表示一定含义的一种符号。建筑施工图中，建筑材料的名称除需用文字注明外，还需画出建筑材料图例。常用的建筑材料图例，见表 2-1，其余可查阅《房屋建筑制图统一标准》GB/T 50001—2017；建筑总平面图常用图例见表 2-2；常用构造及配件图例见表 2-3；常见门图例见表 2-4；常见窗图例见表 2-5；其余常用图例详见《建筑制图标准》GB/T 50104—2010。

常用建筑材料图例表 **表 2-1**

序号	名称	图例	备注
1	自然土壤		包括各种自然土壤
2	夯实土壤		—
3	砂、灰土	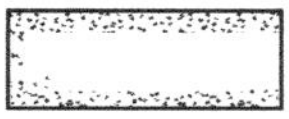	—
4	砂砾石、碎砖三合土		—
5	石材	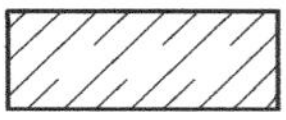	—
6	毛石	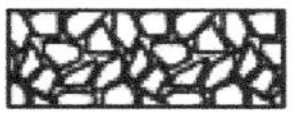	—
7	实心砖、多孔砖	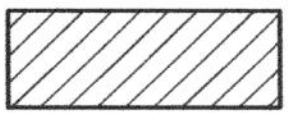	包括普通砖、多孔砖、混凝土砖等砌体
8	耐火砖	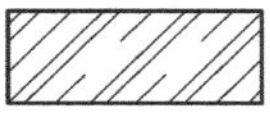	包括耐酸砖等砌体
9	空心砖、空心砌块		包括空心砖、普通或轻骨料混凝土小型空心砌块等砌体
10	加气混凝土	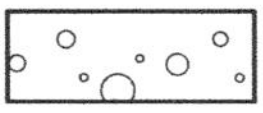	包括加气混凝土砌块砌体、加气混凝土墙板及加气混凝土材料制品等
11	饰面砖		包括铺地砖、玻璃马赛克、陶瓷锦砖、人造大理石等
12	焦渣、矿渣	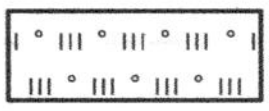	包括与水泥、石灰等混合而成的材料
13	混凝土		1 包括各种强度等级、骨料、添加剂的混凝土 2 在剖面图上绘制表达钢筋时，则不需绘制图例线 3 断面图形较小、不易绘制表达图例线时，可填黑或深灰(灰度宜 70%)
14	钢筋混凝土		
15	多孔材料	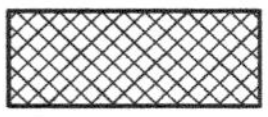	包括水泥珍珠岩、沥青珍珠岩、泡沫混凝土、软木、蛭石制品等
16	纤维材料	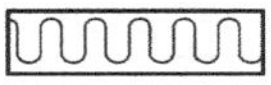	包括矿棉、岩棉、玻璃棉、麻丝、木丝板、纤维板等
17	泡沫塑料材料	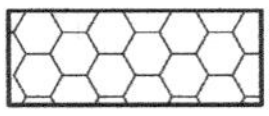	包括聚苯乙烯、聚乙烯、聚氨酯等多聚合物类材料

续表

序号	名称	图例	备注
18	木材		1　上图为横断面，左上图为垫木、木砖或木龙骨 2　下图为纵断面
19	胶合板		应注明为×层胶合板
20	石膏板		包括圆孔或方孔石膏板、防水石膏板、硅钙板、防火石膏板等
21	金属		1　包括各种金属 2　图形较小时，可填黑或深灰（灰度宜 70%）
22	网状材料		1　包括金属、塑料网状材料 2　应注明具体材料名称
23	液体		应注明具体液体名称
24	玻璃		包括平板玻璃、磨砂玻璃、夹丝玻璃、钢化玻璃、中空玻璃、夹层玻璃、镀膜玻璃等
25	橡胶		
26	塑料		包括各种软、硬塑料及有机玻璃等
27	防水材料		构造层次多或绘制比例大时，采用上面的图例
28	粉刷		本图例采用较稀的点

注：1　本表中所列图例通常在 1∶50 及以上比例的详图中绘制表达。

2　如需表达砖、砌块等砌体墙的承重情况时，可通过在原有建筑材料图例上增加填灰等方式进行区分，灰度宜为 25%左右。

3　序号 1、2、5、7、8、14、15、21 图例中的斜线、短斜线、交叉线等均为 45°。

总平面图常用图例（部分）　　**表 2-2**

图例	名称与备注	图例	名称与备注
8	新建的建筑物 1. 用粗实线表示 2. 右上角以点数或数字表示层数。需要时可用▲表示出入口		原有建筑物 用细实线表示
	计划扩建的预留地或建筑物 用中虚线表示		拆除的建筑物 用细实线表示
	散状材料露天堆场		其他材料露天堆场或露天作业场

续表

图例	名称与备注	图例	名称与备注
	原有的道路	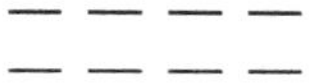	计划扩建筑的道路
	围墙及大门 1. 上图表示实体性质的围墙 2. 下图表示通透性质的围墙 3. 如仅表示围墙时不画大门	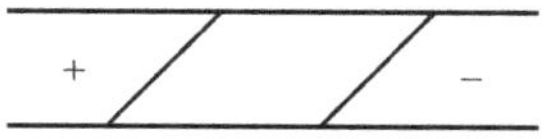 + −	填方区、挖方区、未平整区及零点线
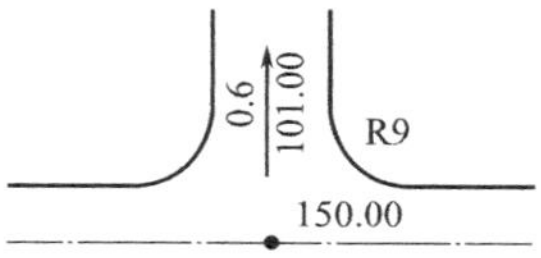 0.6 101.00 R9 150.00	新建的道路 1. “R9”表示道路转弯半径为 9m 2. “600.00”表示路面中心控制点标高 3. “0.6 表示 0.6%”的纵向坡度 4. “120.00”表示变坡点间距离	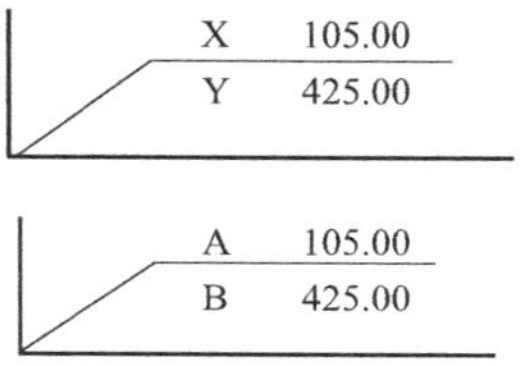 X 105.00 Y 425.00 A 105.00 B 425.00	坐标 1. 上图表示测量坐标 2. 下图表示施工坐标
	落叶阔叶乔木	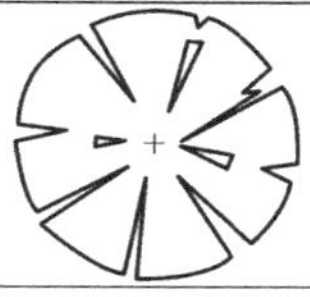	常绿阔叶灌木
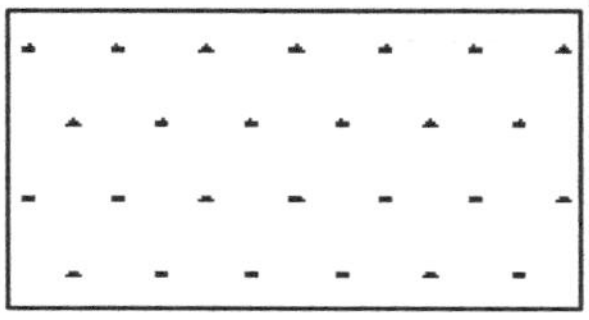	草坪	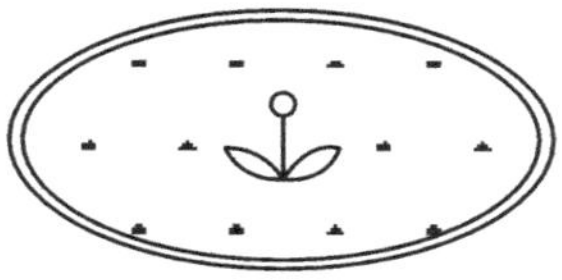	花坛

常用构造及配件图例（部分） 表 2-3

图例	名称与备注	图例	名称与备注
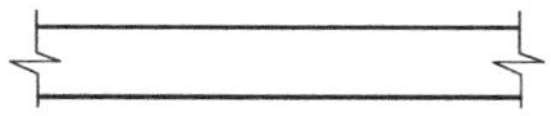	墙体 1. 比例大于 1 : 100,应加注文字或填充图例表示墙体材料。 2. 比例小于等于 1 : 100 时用粗实线表示	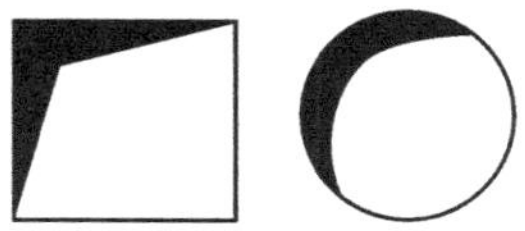	孔洞
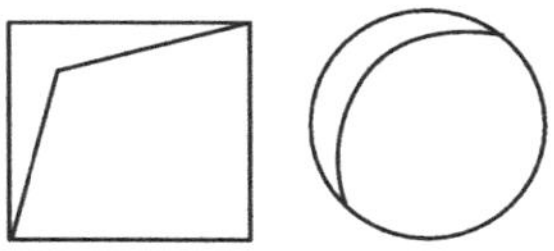	坑槽	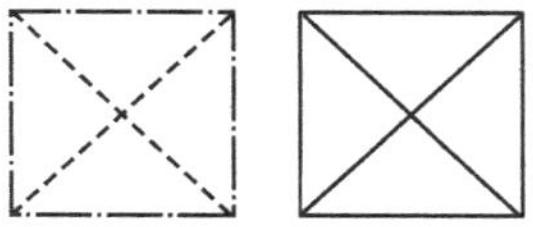	检查孔 左图表示不可见检查孔 右图表示可见检查孔

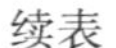
续表

图例	名称与备注	图例	名称与备注
宽×高或Φ 底(顶或中心)标高	墙预留洞口 以洞中心或洞边定位	宽×高×深或Φ 底(顶或中心)标高	墙预留槽 以洞中心或洞边定位
	烟道	下	顶层楼梯平面图
下 上	中间层楼梯平面图	上	底层楼梯平面图
	淋浴小间		厕所间

常见门图例（部分） 表 2-4

门图例说明：

1. 门的名称代号用 M 表示；M 后数字，前两位表示门洞宽度，后两位表示门洞高度，单位为分米。例如：M0921，表示该门门洞宽度为 09dm，即 900mm；门洞高度为 21dm，即 2100mm。
2. 平面图上下为外，上为内。
3. 剖面图上左为外，右为内。
4. 平面图上的开启弧以及立面图上的开启方向线，在一般设计图上不需要表示。
5. 立面图上开启方向线交角的一侧为安装合页的一侧，实线为外开，虚线为内开

图例	名称与备注	图例	名称与备注
	单扇门（包括平开或单面弹簧）		双扇门（包括平开或单面弹簧）

续表

图例	名称与备注	图例	名称与备注
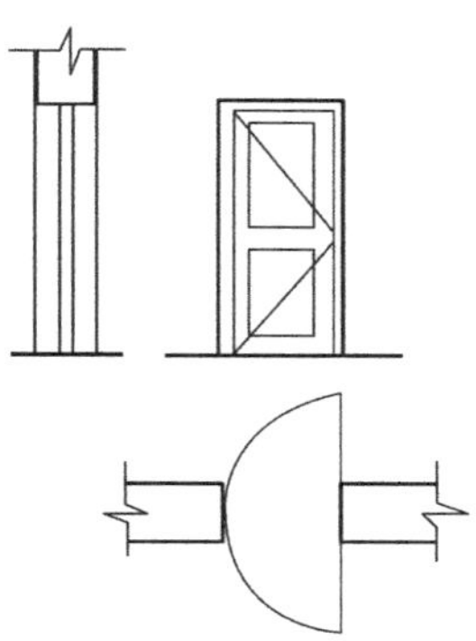	单扇双面弹簧门	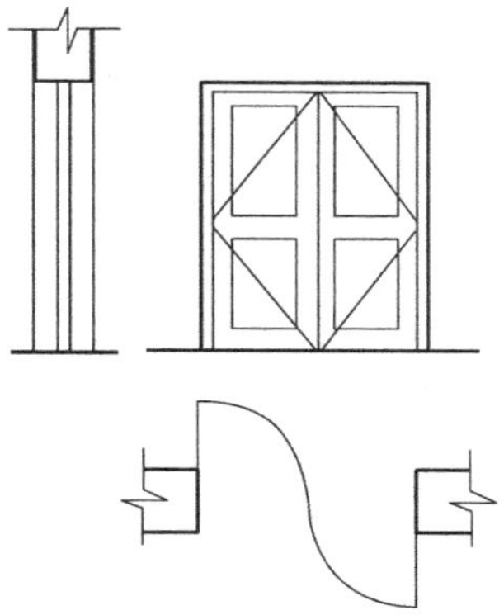	双扇双面弹簧门
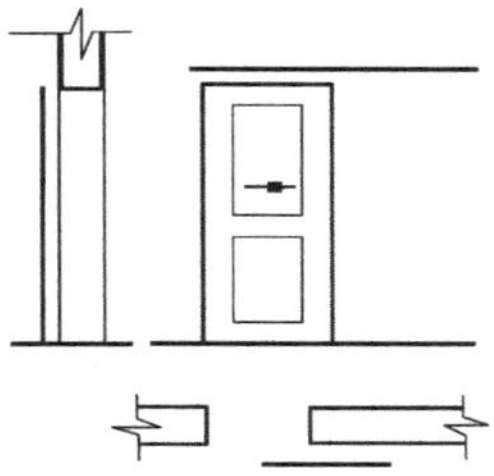	墙外单扇推拉门	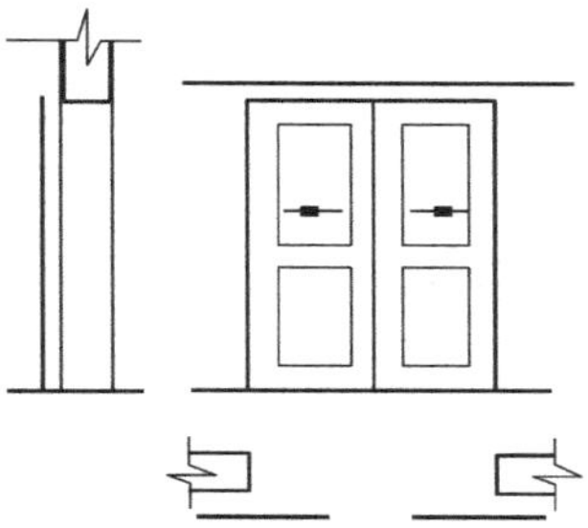	墙外双扇推拉门
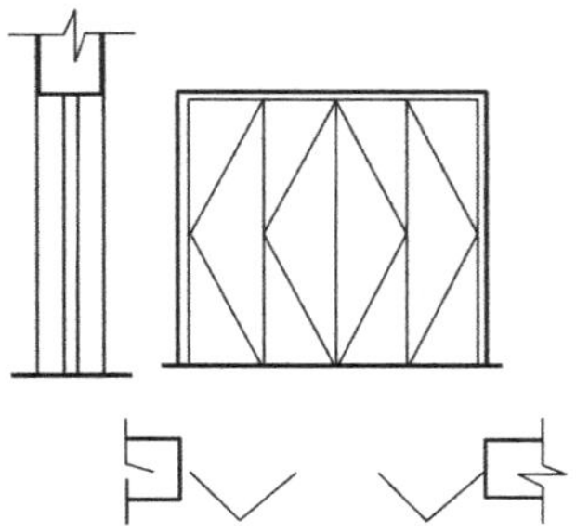	对开叠门	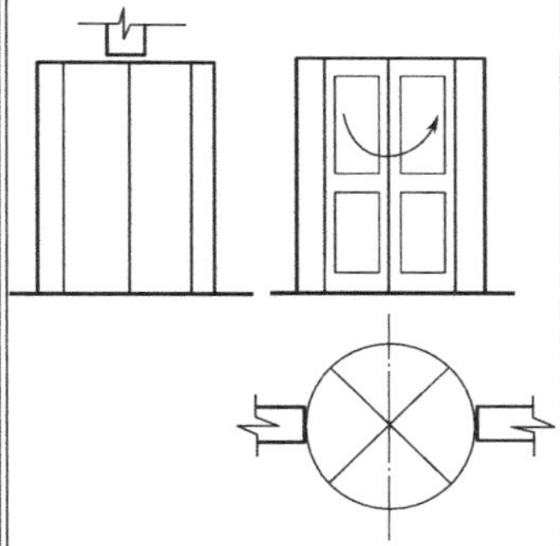	转门
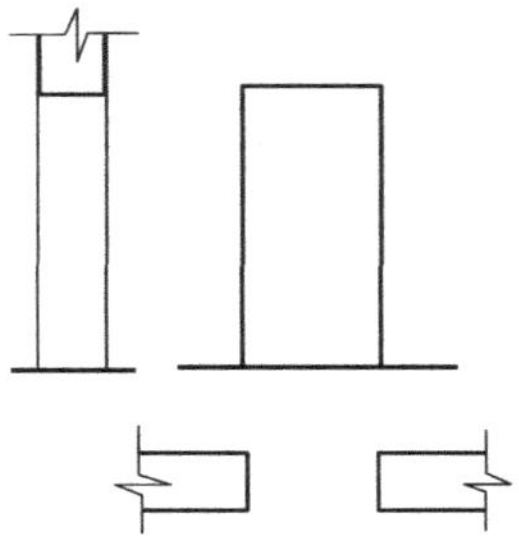 h=	空门洞	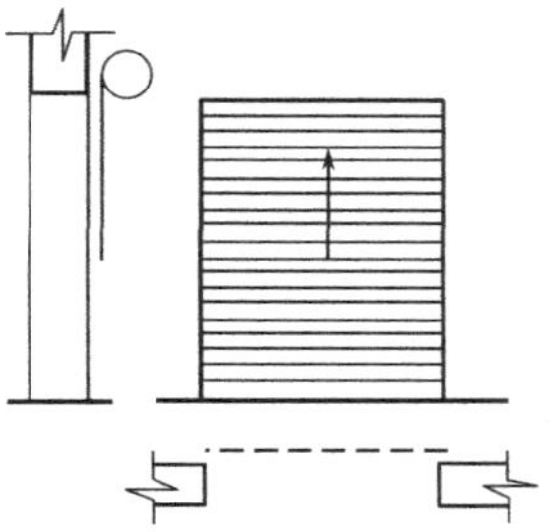	卷门

常见窗图例（部分） 表 2-5

窗图例说明

1. 窗的名称代号用 C 表示;C 后数字,前两位表示窗洞宽度,后两位表示窗洞高度,单位为分米。例如:C1215,表示该窗窗洞宽度为 12dm,即 1200mm;窗洞高度为 15dm,即 1500mm。
2. 平面图上下为外,上为内。
3. 剖面图上左为外,右为内。
4. 立面图中的斜线表示窗的开关方向,实线为外开,虚线为内开,开启方向线交角的一侧为安装合页的一侧,一般设计图上不需要表示。
5. 平面图上的开启弧以及立面图上的开启方向线,在一般设计图上不需要表示。
6. 小比例绘图时,平、剖面的窗线可用单粗实线表示

图例	名称与备注	图例	名称与备注
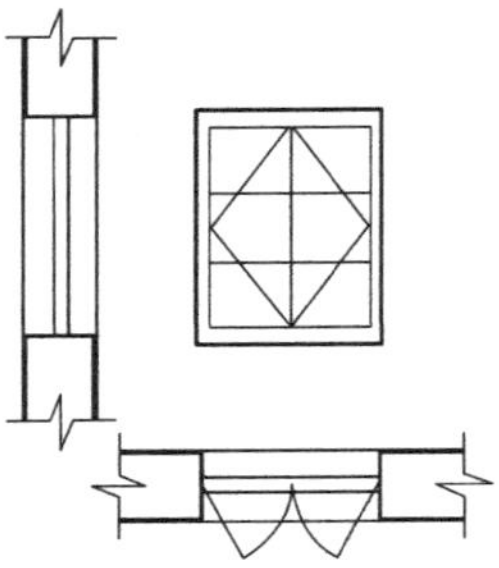	单层外开平开窗	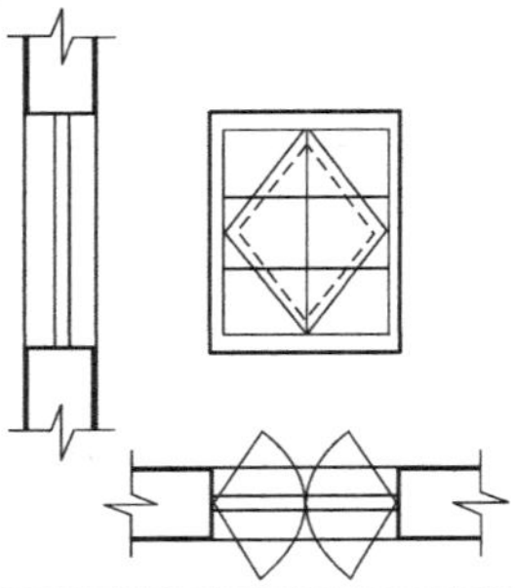	双层内外开平开窗
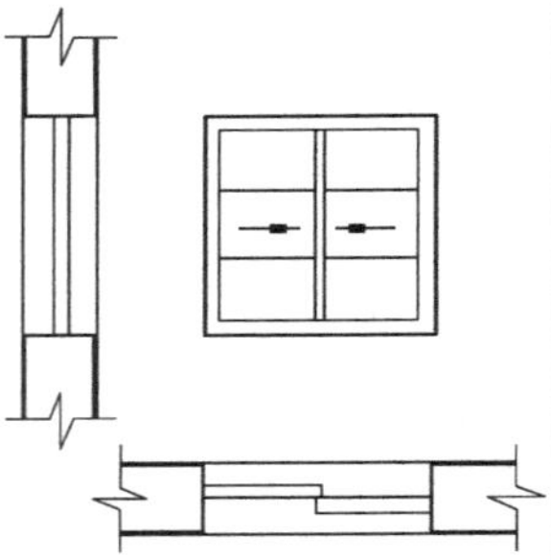	推拉窗	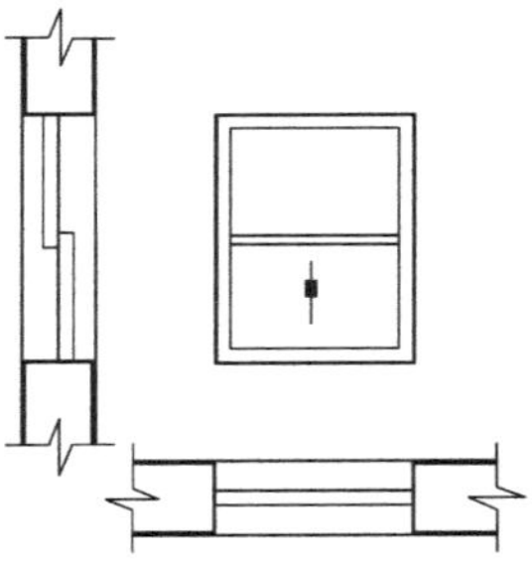	上推窗
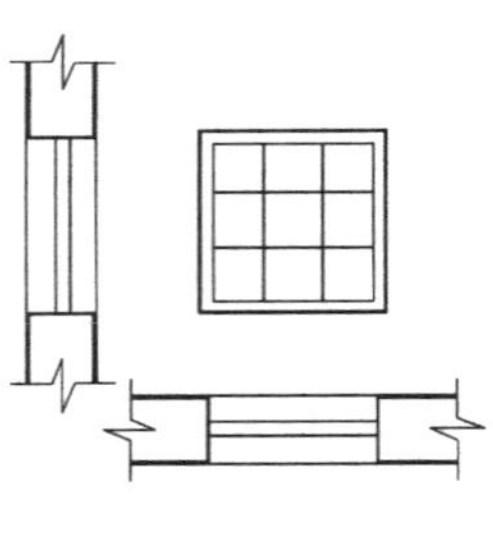	固定窗	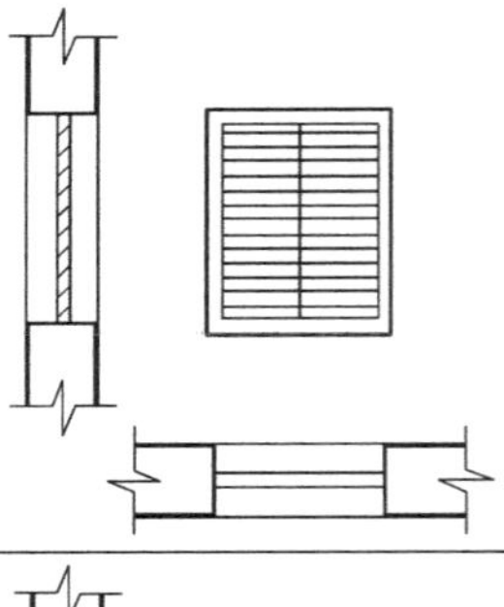	百叶窗
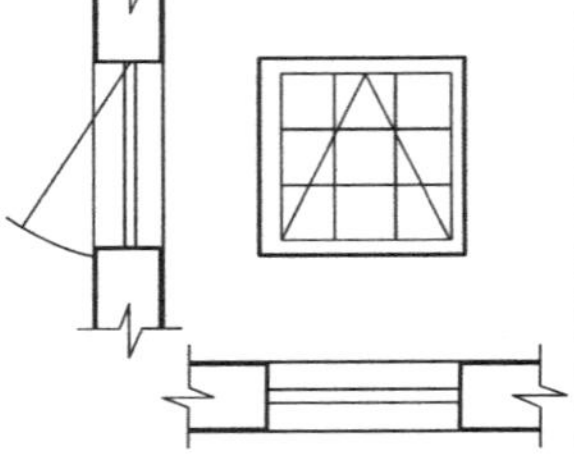	单层外开上悬窗	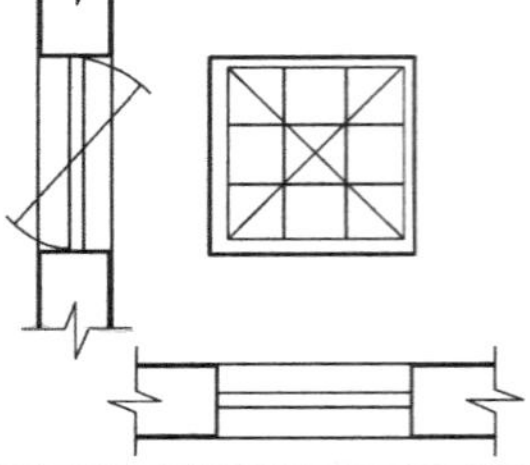	单层中悬窗

续表

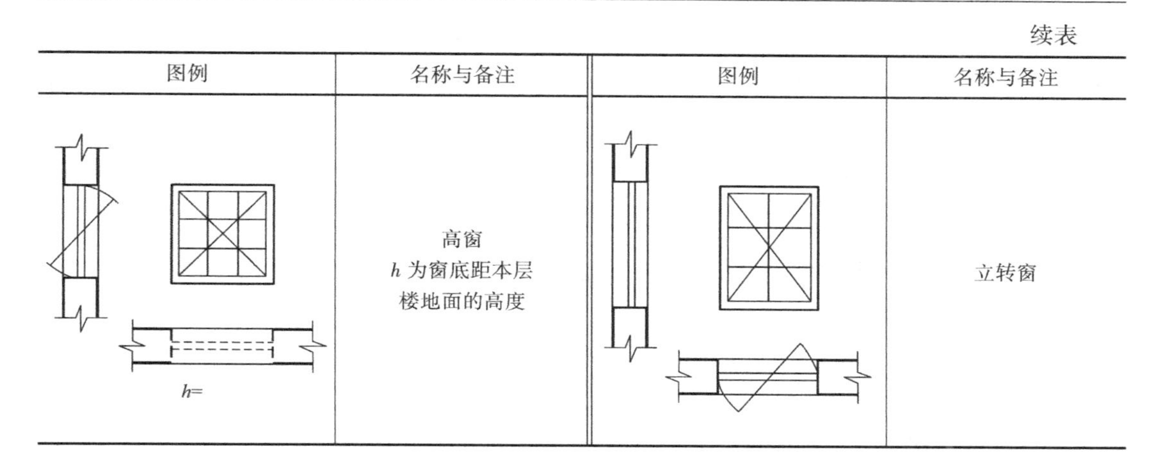

图例	名称与备注	图例	名称与备注
h=	高窗 h 为窗底距本层楼地面的高度		立转窗

2.3 BIM 土建建模的识读要点

2.3.1 建筑总平面图

1. 建筑总平面图的形成与作用

按正投影原理，描绘新建房屋所在的建设地段的总地理位置及周边环境（包括原有建筑、交通道路、绿化、地形等）的水平投影图，叫作建筑总平面图。

建筑总平面图是新建房屋定位、施工放线、布置施工总平面的依据，也是室外水、电、暖等设备管线布置的依据。

2. 建筑总平面图的内容与识读方法

（1）看图名、比例、图例及有关文字说明，了解基本绘制情况。

（2）看总体布局和技术经济指标表，了解用地范围内建筑物和构筑物的位置、道路、场地和绿化等布置情况，以及用地面积、建筑总面积、绿地面积、容积率、建筑密度等主要技术经济指标。

（3）看新建工程，明确建筑类型、平面规模、形状和层数。

（4）看新建工程相邻的建筑、道路等周边环境，明确新建工程的具体位置和定位尺寸。

新建房屋施工定位的方法有两种：一种是坐标定位，即根据图中标注的主要坐标值进行定位放线；另一种是相对尺寸定位，即按原有建筑物或原有道路定位，标注新建房屋与相邻的原有建筑物或道路之间的相对定位尺寸。

坐标定位的坐标又分为测量坐标和施工坐标两种，可以任选一种，也可二者都标注。测量坐标是根据我国的大地坐标系统上的数值标注，施工坐标则是以建筑场地某一点为原点建立的坐标网的数值标注。测量坐标网用 100m×100m 或 50m×50m 间距的交叉十字线画成，以细实线绘制，坐标代号一般用“X、Y”表示，南北方向的轴线为 X，东西方向的轴线为 Y；施工坐标网以 100m×100m 或 50m×50m 间距的网格通长线画成，也以细实线绘制，坐标代号一般用“A、B”表示。横墙方向（竖向）轴线标为 A，纵墙方向的轴线标为 B。

（5）看指北针或风向频率玫瑰图，了解该地区常年风向频率，明确新建工程的朝向。

（6）看新建建筑底层室内地面、室外地面、道路的绝对标高，明确室内外地面高差，了解场地标高和坡度。

总平面读图需要注意的是：图中尺寸单位为米，并注写到小数点后两位。

2.3.2 图纸目录

1. 作用

图纸目录是了解整个建筑设计图纸情况的目录，表明该工程图纸有哪些图纸组成、图纸的内容与图幅大小，便于检索查找。

2. 识读内容与步骤

（1）看标题栏，了解工程名称、项目名称、子项名称、设计日期等。

（2）看图纸目录表内容，了解图纸编排顺序、图纸名称、图纸大小等。

（3）核对图纸数量，如果图纸目录与实际图纸有出入，必须与设计单位核对情况。

例如，图 2-1 为云南××公司新建中药材深加工 3 号车间的建筑施工图图纸目录（本案例图纸可通过以下链接下载：http：//qiniu. pmsjy. com/video/hibim/BIM 建模与深化设计教材配套图纸. rar）。

2.3.3 建筑设计总说明

1. 形成与作用

建筑设计总说明是用文字的形式来表达图样中无法表达清楚且带有全局性内容的图样，主要包含设计依据、项目概况、建筑构造做法等要求。

建筑设计总说明反映工程的总体施工要求，为施工人员了解设计意图提供依据。

2. 建筑总说明的内容与识读方法

（1）设计依据：本工程施工图设计的依据性文件、批文和相关规范。

（2）项目概况：一般应包括建筑名称、建设地点、建设单位、建筑面积、建筑基底面积、建筑工程等级、设计使用年限、建筑层数和建筑高度、防火设计建筑分类和耐火等级、人防工程防护等级、建筑物耐火等级、屋面防水等级、地下室防水等级、抗震设防烈度等。

（3）设计标高：本工程的相对标高与绝对标高的关系。

绝对标高是以我国青岛黄海平面的平均高度为零点所测定的高度；相对标高通常以建筑物底层室内地面为零点所测的高度。

	[illegible]	××有限责任公司	[illegible]	TJ2017-002
	PROJECT 项目名称	新建中药材深加工项目(一局)	[illegible]	施工图
	[illegible]	××车间	[illegible]	建筑
			[illegible]	2017年04月
图　纸　目　录	审定	审核　校对　制图	[illegible]	[illegible]

序号	图纸编号	图　纸　名　称	[illegible]	备注
01	建施01	设计说明	A1	
02	建施02	工制作法	A1	
03	建施03	一层平面图	A1	
04	建施04	二层平面图	A1	
05	建施05	三层平面图	A1	
06	建施06	四层平面图	A1	
07	建施07	平面图		
08	建施08	①~③建立面图①~③独立面图	A2	
09	建施09	①~③建立面图①~③独立面图	A2	
10	建施10	1-剖面图	A2	
11	建施11	LT30详图	A2	
12	建施12	LJ30详图　卫生间详图	A2	
13	建施13	LJ30详图	A2	
14	建施14	LJ-60Z3详图	A2	
15	建施15	LJ-30详图	A2	
16	建施16	LT-30详图	A2	
17	建施17	门窗详图及门窗表	A2	
18	建施18	墙身详图(一)	A2	
19	建施19	墙身详图(二)	A2	
20			A2	
21			A2	
22				
23				
24				
25				
26				
27				
28				
29				

图 2-1　建筑施工图图纸目录

（4）建筑构造做法：一般包括室内外装修做法及用料说明。

1）墙身防潮层、内外墙体及砌筑砂浆、内外墙粉刷等的做法或用料；

2）地面地基处理、踢脚板、墙裙、勒脚等装修做法。

（5）门窗表：门窗尺寸、性能（防火、隔声、保温等）、用料、颜色，玻璃、五金件等的设计要求。

（6）幕墙工程（包括玻璃、金属、石材等）及特殊的屋面工程（包括金属、玻璃、膜结构等）的性能及制作要求，预埋件安装图，防火、安全、隔声构造。

（7）电梯（自动扶梯）选择及性能说明（功能、载重量、速度、停站数、提升高度等）。

（8）人防工程：人防工程所在部位、防护等级、平战用途、防护面积、室内外出入口及排风口的布置。

（9）防水做法：屋面防水、楼地面防水做法。

（10）工程做法：地面做法、楼面做法、墙面做法、顶棚做法、屋面做法、台阶、坡道、油漆等做法。

（11）防水设计：防火、防烟分区、排烟措施，安全疏散措施、防火构造与疏散楼梯设置要求。

（12）其他需要说明的问题，例如对采用新技术、新材料的做法说明及对特殊建筑造型的说明。

下面以云南××公司新建中药材深加工 3 号车间的建筑设计总说明为例进行识读。

2.3.4 建筑平面图

1. 形成与作用

用一个假想水平面，在窗台上方将建筑物剖开，对剖切面以下部分向水平投影面进行正投影得到的图样，称为建筑平面图。

建筑物应每层剖切，得到的平面图以所在楼层命名，分别称为底层平面图、二层平面图等。当某些中间楼层平面布置相同时，可以只画一个平面图，称为标准层平面图。屋顶平面图是由上到下，对建筑物顶部进行水平正投影得到的图样。

建筑平面图主要表示房屋的平面布置情况，包括被剖切到的墙、柱、门窗等构件断面、投影可见的建筑构造及必要的尺寸、标高等。

屋顶平面图主要表示屋顶的形状、屋面排水组织及屋面上方各构配件的布置情况。

建筑平面图是施工中放线、砌墙、安装门窗及编制概预算等工作的依据。

2. 建筑平面图的内容

（1）墙、柱及其定位轴线和轴线编号，各房间的平面布置位置及名称。

（2）门和窗位置、编号，门的开启方向。

（3）主要建筑设备和附属设施的位置及相关做法索引，如卫生器具，水池、橱、柜，隔断、花池、雨水管等。

（4）主要建筑构造部件的位置、尺寸和做法索引，如阳台、雨篷、台阶、坡道、散水、上人孔等。

（5）楼梯、电梯位置及编号索引。

（6）楼地面预留孔洞和通气管道、竖井等位置、尺寸和做法索引，以及墙体预留洞的位置、尺寸与高度等。

（7）变形缝位置、尺寸及做法索引。

（8）平面尺寸标注（外部尺寸一般标注有三道）：轴线总尺寸（或外包总尺寸）；轴线间尺寸（房屋开间和进深）；门窗洞口尺寸及其与轴线尺寸。

（9）室外地面标高、各层楼面标高、屋顶标高（屋顶平面图中标注的是结构标高，其余平面图标注的均为建筑标高）。

（10）指北针、剖切线位置及编号（画在一层平面图）。

（11）屋顶平面应有女儿墙、檐沟、排水坡度、坡向、雨水口、屋脊（分水线）、变形缝、屋面上人孔及突出屋面的楼梯间、电梯间，及其他构筑物。

3. 平面图的识读方法

建筑平面图的识读应按照先粗后细、由下往上的方法。先粗看，大致了解各层平面布局、房间功能等概况，再细看，深入了解建筑平面布置情况；按人行走的顺序，由下往上，由外向内，从一层平面到二层，再往上层，一个个房间识读。我们以云南××公司新建中药材深加工3号车间的建筑平面图为例进行识读介绍：

（1）一层平面图

1）看图名、比例及指北针，明确建筑物朝向。

2）看轴网，了解定位轴线编号及其间距。

3）看房屋平面功能布置，明确房间功能及内部分割情况、交通疏散情况，例如走廊、楼梯间、电梯间等布置。

4）查门窗布置位置、编号及数量。

5）查看室内外相对标高，并与建筑总平面图的绝对标高及建筑设计总说明中的标高说明对照。

6）看细部构造，熟悉入口处台阶、坡道、散水、管道井等布置及定位。

7）看剖切符号，熟悉建筑剖面图的剖切位置。

（2）标准层平面图（本工程为二~四层平面图）

1）看图名、比例。

2）看轴网，了解定位轴线编号及柱距。

3）逐层查看房屋平面功能布置，明确房间功能及内部分割情况、交通疏散情况。

4）注意查看上层与下层间的不同处。比如房间布置、门与窗。底层建筑物的入口是门、坡道与台阶，而在上部楼层则为窗。

（3）屋顶平面图

除看图名、比例外，屋面平面图主要表示三方面的内容：

1）屋面排水：屋面排水方式、排水坡度、檐沟位置、雨水管位置及数量。

2）突出屋面的物体：出屋面的构架、楼梯间、电梯间、水箱、上人孔、通风道、排气口、女儿墙等。

3）屋面的细部构造做法。在屋顶平面图中主要以索引符号引出，需结合索引的标准图集或建筑详图读图，才能明确构造做法。

索引符号由直径为 10mm 的细实线圆和水平直径组成，上半圆内的数字表示详图的编号，下半圆内的数字表示详图所在的图纸编号。图 2-2（*a*）图表示编号为 5 的详图就在本张图纸内；图 2-2（*b*）图分别表示编号为 5 的详图在第 2 张图纸中，图 2-2（*c*）图表示详图采用 J103 的标准图集，此图是该图集第 2 页中的详图 5。

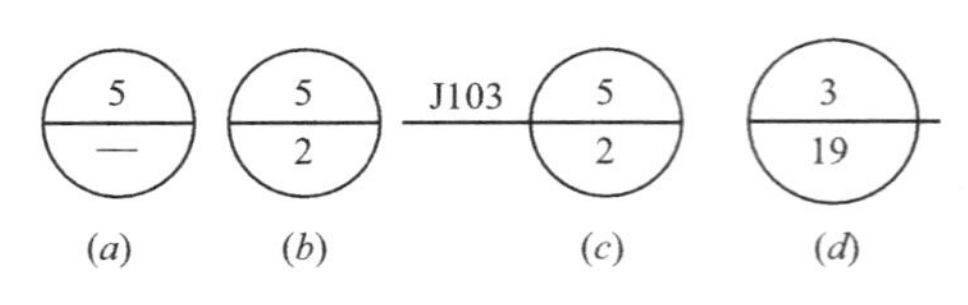

图 2-2　索引符号

图 2-2（*d*）中，为本工程屋顶平面图表示该墙上构造详图详见建施 19 图中的详图 3。

4）特别需要指出的是：屋顶平面图中标注的标高均为结构标高，即结构层表面的高度，本工程中为钢筋混凝土楼板面的相对标高。

2.3.5　建筑立面图

建筑平面图识读

1. 形成与作用

在与建筑物立面平行的投影面上所作的正投影图，就是建筑立面图。一般建筑物都有向东、南、西、北四个方向投影得到的立面图。

建筑立面图主要表示建筑物外墙面特征，表示立面各部分配件的形状及相互关系，表示立面装饰要求及构造做法等。

在施工过程中，建筑立面是作为明确外墙面造型、外墙面门窗、阳台、雨篷、檐沟等的形状及位置，外立面装饰要求等的依据。

2. 建筑立面图的内容

（1）建筑物外部轮廓及门窗、阳台、雨篷、栏杆、台阶、坡道、勒脚、女儿墙顶、檐口、雨水管等的位置。

（2）建筑物高度尺寸。一般有三道：最外面一道尺寸一般为建筑物总高。（指从室外地面到檐口女儿墙的高度）；中间一道尺寸为层高；最内一道尺寸为门窗洞口的高度及其与楼地面的距离。

（3）标高包括室外地面、窗台、门窗顶、檐口、屋顶、女儿墙及其他装饰构件、线脚、楼层等的标高。

（4）外墙面的装饰构件、线脚和粉刷分格线等。

（5）外墙面装修做法。

3. 立面图的识读方法

（1）查看图名、比例，了解立面图的观察方位。

（2）对照平面图识读门窗、檐口、阳台、台阶等建筑构件的形状及位置。

平面图是建筑物经过剖切后的水平投影，立面图是建筑物的立面投影，仔细对照平面与立面图的对应关系，才能建立起立体感。

（3）熟悉建筑物外部形状。

（4）熟悉外立面各细部的装修做法。

（5）对照建筑详图，识读台阶、雨篷等构造做法。

建筑立面图识读

2.3.6　建筑剖面图

1. 形成与作用

用一假想的垂直剖切面将房屋剖切开，移去观察者与剖切平面之间的部分，将其余部分按正投影原理投射得到的图，称剖面图。

建筑剖面图主要表示房屋内部竖向的分层情况、层高、楼面和地面的构造以及各配件在垂直方向上的相互关系等内容。在施工中，可作为进行分层、砌筑内墙、铺设楼板、屋面板和内装修等工作的依据。

2. 建筑剖面图的内容

（1）图名、比例、墙、梁、柱、轴线及轴线编号。

（2）剖切到及投影到的房屋内部的分层、构造，如室内外地面、各层楼板、屋顶、女儿墙、檐沟、门、窗、台阶、散水、坡道、阳台、雨篷及顶棚等。

（3）高度方向的尺寸及标高。

（4）索引符号。剖面图中若有不能表示清楚的部位可以引出索引符号，另用详图表示。

3. 剖面图的识读方法

（1）查看一层平面图，查找剖切符号，了解剖面图的剖切位置。

（2）结合平面图，对应平面图与剖面图的相互关系，查阅剖切到及投影可见的主要构件，由下往上看，如：室内外地面、台阶、散水、各层楼板、门、窗、阳台、雨篷、梁、柱、屋顶、女儿墙、檐沟等。

（3）查阅各部位的高度尺寸及楼层标高。

（4）根据索引符号，查找对应的详图，了解节点细部做法。

（5）结合建筑设计说明或工程做法，查阅楼面、地面、屋面、墙面、顶棚等装修做法。

建筑剖面图识读

2.3.7 建筑详图

1. 形成与作用

建筑平面、立面、剖面图是整个建筑物的三面投影图，是全局性的图纸，通常采用1∶100的比例绘制。这样的比例无法把细部做法表达清楚，需要用较大的比例，比如1∶20等，将建筑物的细部构造做法、尺寸、使用材料等详细地绘制出来的图样称为建筑详图。

建筑详图常用局部平面图、局部立面图、局部剖面图等表示。在施工过程中，建筑详图是楼梯、墙身、卫生间等施工的重要依据。

2. 建筑详图的内容

建筑详图一般可分为两类：一是局部构造详图，例如楼梯详图、电梯详图等；另一类是建筑构件节点详图，例如墙身详图、窗套详图等。电梯详图读法同建筑剖面图，下面介绍楼梯详图与节点详图读法。

楼梯详图一般包括楼梯平面图、楼梯剖面图、节点详图。

（1）楼梯平面图

用一个假想水平面，在楼梯间每层向上行的第一个梯段的中部剖开，移去上部，将剖切面以下的部分向地面进行正投影得到的图样，称为楼梯平面图。

楼梯间应每层剖切，得到的平面图以所在楼层命名，分别简称为一层平面图、二层平面图、三层平面图等。当中间楼层平面布置完全相同时，可只画一个平面图，称为标准层平面图。

顶层平面图是在楼梯间顶层楼面上部俯视，在水平投影面上得到的正投影。

楼梯平面图表达的内容：

1）楼梯间墙体、门窗及其定位轴线和轴线编号。

2）梯段、楼梯平台（中间平台和楼层平台）、梯井、栏杆。

3）楼梯间尺寸：

开间方向两道标注尺寸：外尺寸为轴线间尺寸；内尺寸为梯井尺寸、梯段宽度尺寸及其与轴线关系尺寸。

进深方向两道标注尺寸：外尺寸为轴线间尺寸；内尺寸为梯段长度尺寸（踏步宽度×水平踏步数=梯段长度尺寸）、楼梯平台（中间平台和楼层平台）尺寸及其与轴线关系尺寸。

4）室外地面标高、各层楼、地面标高等。

5）假想平面剖切位置及梯段上下方向示意。

6）楼梯剖面图剖切位置及编号（画在一层平面图）。

7）踏步、栏杆等主要建筑构件做法索引。

楼梯平面图识读方法：

1）查看图名与楼梯编号、楼梯间定位轴线轴号，将各层楼梯平面图与各层建筑平面图对照，核对楼梯位置、走向、尺寸标注是否一致。

2）由下往上，看各层楼梯平面图，明确楼梯各梯段与休息平台起始位置、尺寸、梯井尺寸以及中间休息平台、楼层平台的标高。

3）与楼梯剖面详图对照，核对每层楼梯的梯段尺寸（包括踏步宽度、级数）及休息平台起始位置、尺寸是否一致，明确楼梯间的高度尺寸，包括踏步高度、层高等。楼梯段宽度通常用踏步的宽度乘以踏步宽度数表示。

我们以 LT-302、LT-303、7.650 标高平面图为例来识读楼梯平面图。

在建施-14 中，绘制的分别是 LT-302 和 LT-303 两部楼梯的详图。这两部楼梯除在建筑平面图中的位置不同外（即楼梯间墙体的定位轴号不同），其余均相同。对照建施-3 一层平面图可知，定位轴号 1/1～1/B～A 之间为 LT-303；定位轴号 1/6～7/F～G 为 LT-302。

由图 2-3 可知，该楼梯平面的剖切位置位于从 7.65m 休息平台往上行至 9.00m 梯段之间，从 7.65m 休息平台下行至 6.45m 休息平台的踏步级数为 8（踏步级数=踏步宽度数+1，此处踏步宽度数为 7），每步踏步宽度为 300mm，该梯段投影长为 2100mm，两边梯段宽均为 1976mm，梯井宽为 300mm。楼梯间开间为 4350mm，进深为 8000mm。

（2）楼梯剖面

用一个平行于梯段方向的假想垂直剖切面将楼梯间剖开，向另一未剖切到的楼梯段方向进行投射，所作的正投影图，称为楼梯剖面图。每个楼梯间通常只绘制一个楼梯剖面图。

楼梯剖面图表达的内容如下：

（1）楼梯间的墙体轴线和编号、轴线间尺寸。

（2）剖切到的，及未剖切到，但投影能见到的楼梯间建筑构造部件，例如梯段、梯梁、楼梯平台板、各层楼板、门窗、入口雨篷、台阶、栏杆、门窗等。

（3）楼梯间尺寸：

水平方向的尺寸：楼梯平台（中间平台和楼层平台）尺寸、各层梯段长度尺寸［踏步宽度×(踏步级数-1)= 梯段长度尺寸］及其与轴线关系尺寸。

高度方向的尺寸有两道：外尺寸为层高；内尺寸为各梯段高度尺寸及栏杆高度。梯段高度表达方式一般为：踏步高度×踏步级数=梯段高度尺寸。

（4）标高：室外地面、室内首层地面、各层楼面、各层楼梯平台面等的标高。

（5）主要建筑构件做法索引，例如栏杆、踏步等。

楼梯剖面图识读方法：

（1）查看图名与比例，与底层楼梯平面图对照，明确剖切位置。

（2）由下至上，逐层与楼梯平面图对照，了解楼梯层数、层高、踏步宽度、高度、级数及净高尺寸，核对是否符合强制性条文要求。楼梯段高度通常用踏步的高度乘以踏步级数表示。

关于楼梯间的《强制性条文》有以下几条：

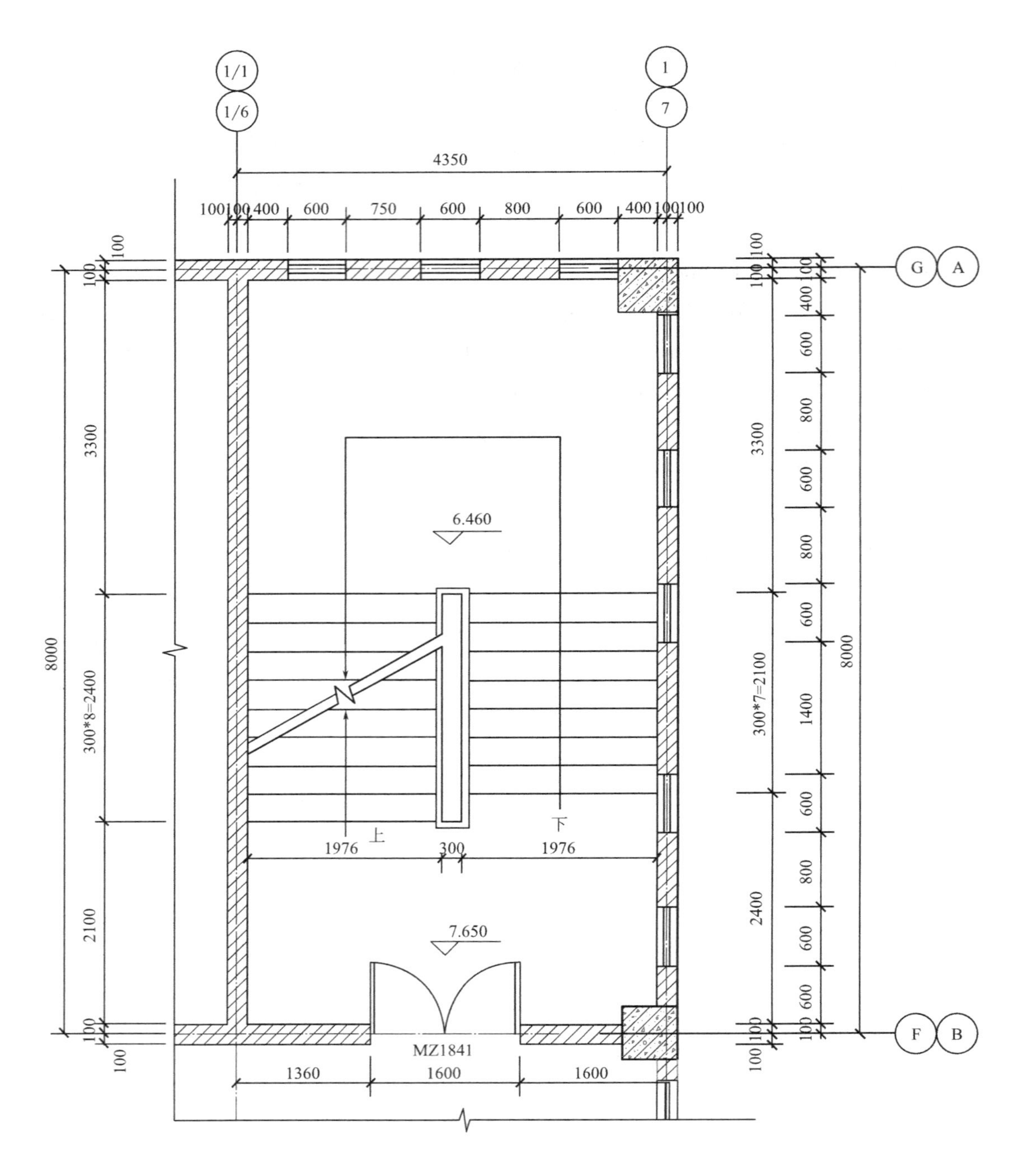

图 2-3　楼梯平面图

1）供日常主要交通用的楼梯的梯段净宽应根据建筑物使用特征，一般按每股人流宽为 0.55+(0~0.15) m 的人流股数确定，并不应少于 2 股人流。

2）梯段改变方向时，平台扶手处的最小宽度不应小于梯段净宽。

3）每个梯段的踏步一般不应超过 18 级，亦不应少于 3 级。

4）有儿童经常使用的楼梯的梯井净宽大于 0. 20m 时，必须采取安全措施。

5）楼梯平台上部及下部过道处的净高不应小于 2. 00m；且楼段净高不应小于 2. 20m。

6）栏杆高度不应小于 1. 05m，高层建筑的栏杆高度应再适当提高，但不宜超过 1. 20m。

7）栏杆离地面或屋面 0. 10m 高度内不应留空。

同样，我们以 LT-302、LT-303 剖面图为例，如图 2-4 所示：与±0. 000 标高楼梯平面图对照，明确剖切位置。逐层与楼梯平面图对照可知，楼房的层数为三层，为平行楼梯，二层中间标高 7. 65m 处有夹层。每个踏步的尺寸都是宽为 300mm，高为 150mm，（如标高 7. 65m 平台上方标注的水平方向的尺寸 300×8＝2400，表示该梯段步数 9 级，踏步宽 300mm，梯段水平投影长为 2400mm；该处高度方向尺寸 150×9＝1350，表示踏步高 150mm，共 9 步，梯段高度 1350mm。）栏杆扶手高度为 1100mm。梯段扶手高度为

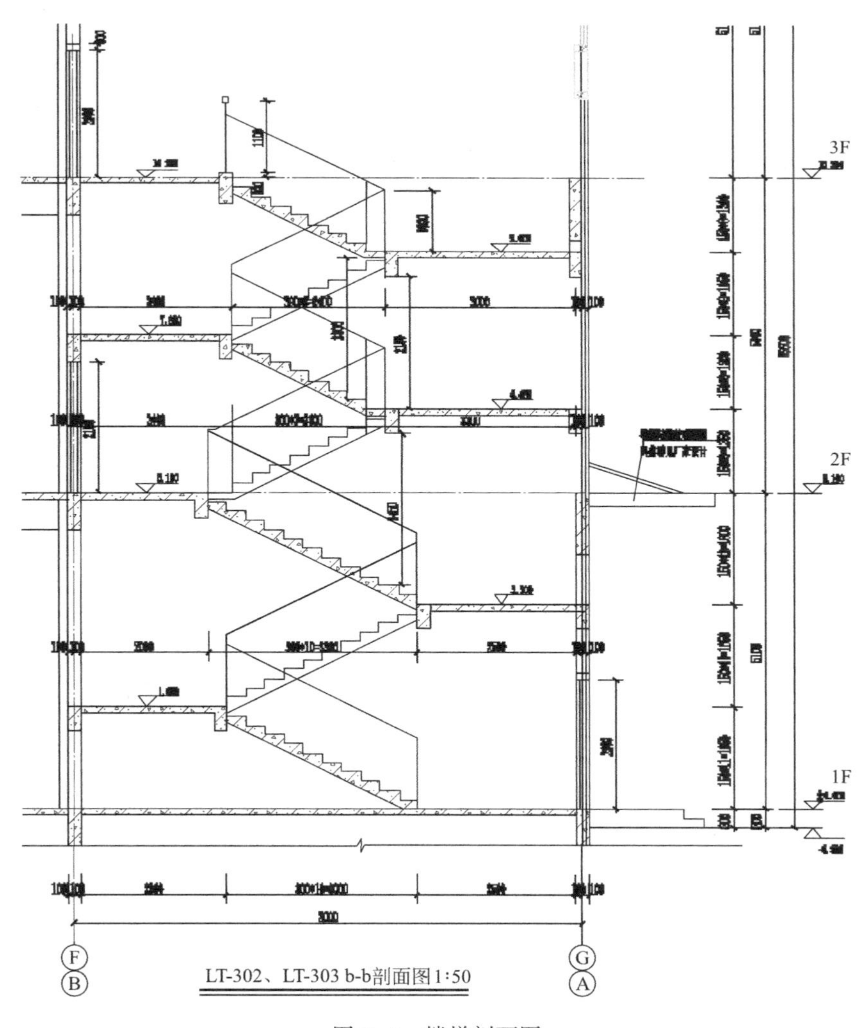

图 2-4　楼梯剖面图

1000mm，顶层水平段扶手高度为 1100。地面标高±0.000，二、三层楼面标高分别为 5.100、10.200m；中间休息平台标高分别为 1.650、3.300、6.450、7.650、9.000m。

楼梯间各尺寸符合强制性规范要求。

（3）楼梯节点详图

楼梯节点详图主要有踏步节点详图、栏杆及扶手节点详图等。踏步节点详图表达踏步面层构造层次、材料、厚度、防滑条做法等。栏杆及扶手节点详图表达栏杆扶手的高度、间距、材料、油漆等细部做法。

（4）建筑构件节点详图（简称节点详图）

1）节点详图表达的内容：

节点详图是平、立、剖面图中某一局部的放大图，或者是某一局部的放大剖面图，详细表述平、立、剖面图中无法绘制的详细构造做法与尺寸。

2）节点详图的识读方法：

① 查看图名及比例，与索引该节点的建筑平面图或立面图、剖面图对照，明确建筑节点的位置。

② 查看节点的构造、尺寸、材料等做法要求。

例如建施-19 中的 3 号节点详图，如图 2-5 所示。

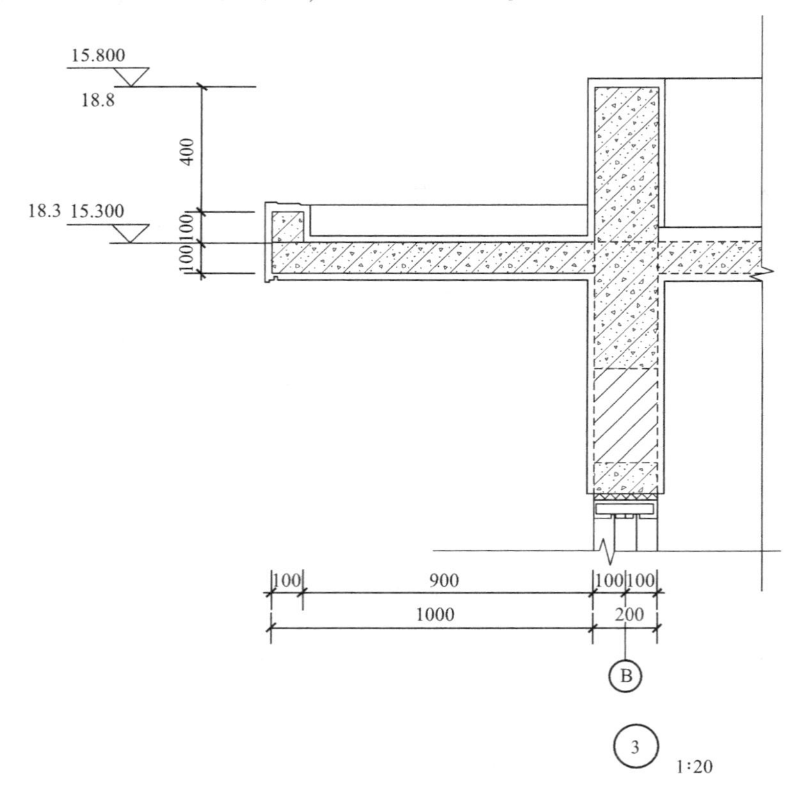

图 2-5　3 号节点详图

首先，根据图名，我们对照索引该节点的建施-7 屋顶平面图，明确节点索引位置为LT-304 楼梯间顶部，出屋面部分的 B 轴墙，该详图为剖切后的墙身大样图，剖切位置在檐沟处，剖切后朝左投影得到的正投影图。详图所在的图纸为建施-19，墙身详图（二）中的 3 号节点详图。

详图左为钢筋混凝土外挑檐沟，右为 LT-304 楼梯间屋顶，标高为 15.3m。

外檐沟上翻 100mm，檐沟板厚 100mm，宽度为 900mm，下设鹰嘴滴水。B 轴处墙体厚 200mm，下部为楼梯间出屋顶的门（对照建施-6 四层平面图得知），门上方为钢筋混凝土过梁，过梁与檐沟梁之间为砖砌体（对照建施-1 建筑施工图设计说明中第七条、墙体及砌筑砂浆得知），屋面板上方为 500mm 高女儿墙，女儿墙顶标高为 18.8m（图 2-6）。

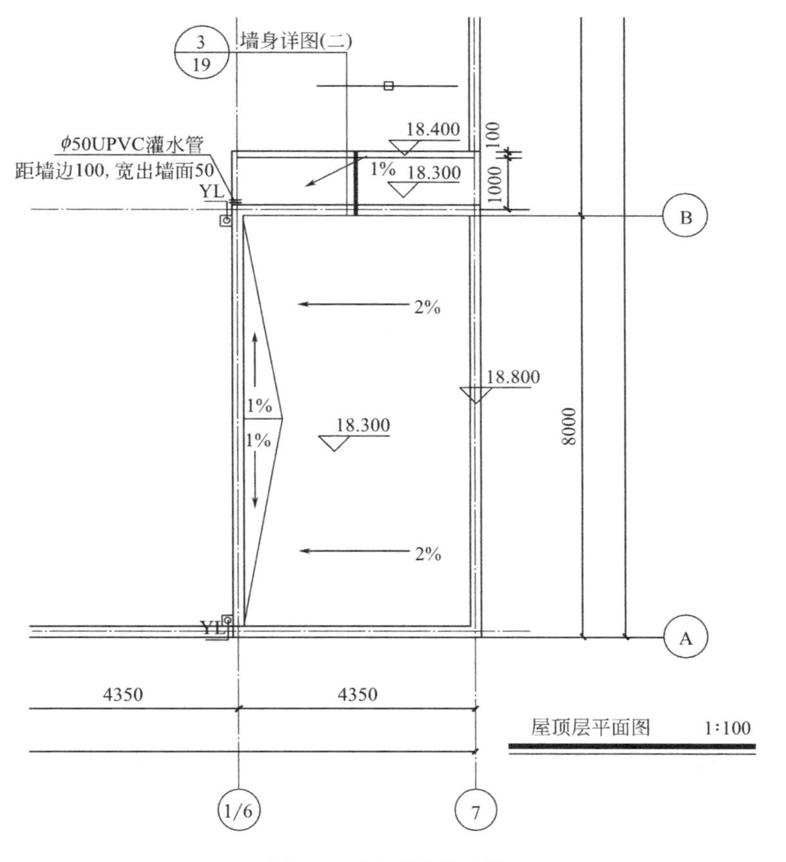

图 2-6 屋面层平面图

建筑详图识读

2.4 结构施工图的基本知识

2.4.1 结构施工图的概念

在建筑施工图基础上，对建筑承重构件进行计算、设计后绘制的图纸，叫结构施工图。结构施工图主要反映承重构件，如基础、柱（墙）、梁、板等的布置情况、构件类型、尺寸大小、材质及制作安装方法。结构施工图与建筑施工图一样，也是施工的依据，主要用于指导放灰线、挖基槽、支模板、配钢筋、浇筑混凝土等施工过程，也是计算工程量、编制预算的依据。

2.4.2 结构施工图的内容

结构施工图（简称结施）包括：图纸目录、结构设计总说明、基础施工图、柱平法施工图、剪力墙平法施工图、梁平法施工图、楼（屋）面结构平面图、结构详图。

2.4.3 结构施工图的识读原则

（1）先建筑，后结构，再设备。

先看建施图，了解建筑概况、使用功能、内部空间的布置、层数与层高、墙柱布置、门窗位置、工程做法、节点构造及施工要求等基本情况，然后再看结施图。按照图纸编排顺序，由基础到上部结构、自下而上逐张识读。

（2）结施与建施、设施（设备施工图）对照看。

阅读结施图时应对照相应的建施图，注意轴网尺寸及梁柱的布置与建施图有无矛盾、梁的截面尺寸与门窗尺寸有无矛盾、结构标高与建筑标高及面层做法是否统一、结构详图与建筑详图有无矛盾、结构说明与建筑说明有无矛盾。

阅读设备图时，应查看设备的布置与建施图有无矛盾、设备的预留孔位置及尺寸与结构布置有无矛盾、结构预留孔的数量及位置是否正确、水电暖通图之间有无矛盾。只有把三种图纸结合起来看，才能全面了解施工图的全貌，并发现存在的问题。

（3）由下往上、由粗到细逐张看。

由下往上，根据施工顺序，先看基础，再看上部结构，按照结构施工图编排顺序（即目录顺序）逐张看。

看结施图时先粗看一遍，了解工程概况，结构方案和柱、墙、梁布置，再按顺序细看每一张图纸，细看时应对照建施图与设备图，熟悉结构平面布置，检查结构构件布置是否合理，检查柱网尺寸、构件尺寸、标高等是否正确或有无遗漏，明确构件的编号、尺寸、配筋等。

2.5 结构施工图的识读要点

2.5.1 结构设计总说明与二次结构建模

1. 结构总说明的内容

结构设计总说明是对结构施工图纸的补充，以文字说明为主，主要说明结构施工图的设计依据、结构安全等级及使用年限、结构主要材料、钢筋混凝土的构造要求、砌体与混凝土柱的连接及圈梁、过梁、构造柱的要求等，是带有全局性的纲领性文件。

阅读结构施工图前，必须逐条认真阅读结构设计总说明。

2. 结构总说明的识读方法

（1）熟悉本工程的结构概况：结构类型、结构安全等级及使用年限、工程抗震设防烈度、结构构件的抗震等级、基础类型、砌体结构施工质量控制等级等；

（2）熟悉本工程所采用的材料：混凝土的强度等级、钢筋的种类、钢结构用钢、焊条及螺栓、墙体材料、油漆等。

（3）熟悉本工程的构造与施工要求：各类构件钢筋保护层的厚度，钢筋连接的要求，承重结构与非承重结构的连接要求，圈梁、过梁、构造柱的要求、施工顺序、质量标准的要求，新技术的要求，后浇带的施工要求，与其他工种配合要求等。

（4）熟悉本工程所采用的标准图集。

（5）将结构总说明与建筑设计总说明对照，核对材料做法、建筑物室内地面标高等是否一致。

2.5.2 基础施工图

基础的形式有很多，常用的有独立基础、条形基础、筏板基础、箱型基础和桩基础。基础图主要包括基础平面图、基础详图和文字说明。主要用于放灰线、挖基槽和基础施工。

1. 基础平面图的形成与作用

用一假想的水平面，在建筑物底层室内地面处把建筑物剖切开，移去截面以上部分，所作的水平投影图，称为基础平面图。在基础平面图中，一般只绘制基础墙（或梁）、柱、基础底面（不包含垫层）的轮廓线，其他细部轮廓线（如大放脚等）省略不画，仅在详图表达。

基础平面图主要表示基础的平面布置以及平面尺寸。

2. 基础平面图的主要内容

（1）基础的平面布置。包括基础构件（如承台或独立基础）的位置、尺寸、编号；桩位平面图应反映各桩中心线与轴线间的定位尺寸。

基础图识读

（2）管沟、预留孔和设备基础的平面位置、尺寸、标高；

（3）基础施工说明。应包括基础形式、持力层、地基持力层承载力特征值，基槽开挖要求以及施工要求；桩基础应说明桩的类型和桩顶标高、入土深度、桩端持力层及进入持力层的深度、成桩的施工要求、试桩要求和桩基的检测要求。

3. 基础平面图的识读方法

（1）查看基础说明。了解基础类型、材料及基础施工要求。

（2）与建筑底层平面图对照，检查轴线位置、编号、轴线尺寸是否一致。

（3）与建筑底层平面图对照，查看基础梁、柱基础等构件的布置和定位尺寸是否与建筑底层平面图中的墙、柱位置符合。

（4）查看基础构件的位置和编号，与基础详图对照，看尺寸和配筋、基础底标高是否标注齐全。

（5）查看管沟的尺寸及位置、预留孔位置等是否与基础相碰。

4. 基础详图的形成与作用

基础详图包含基础构件平面图和断面图。基础构件平面图的形成原理同基础平面图，只是内容仅画出比例放大了的基础构件平面，如图 2-7 所示。假想用剖切平面垂直剖切基础构件平面图，仅画出剖切面与物体接触部分的图形，称为断面图，如图 2-8 所示。图 2-7、图 2-8 合称为 JC 基础详图。

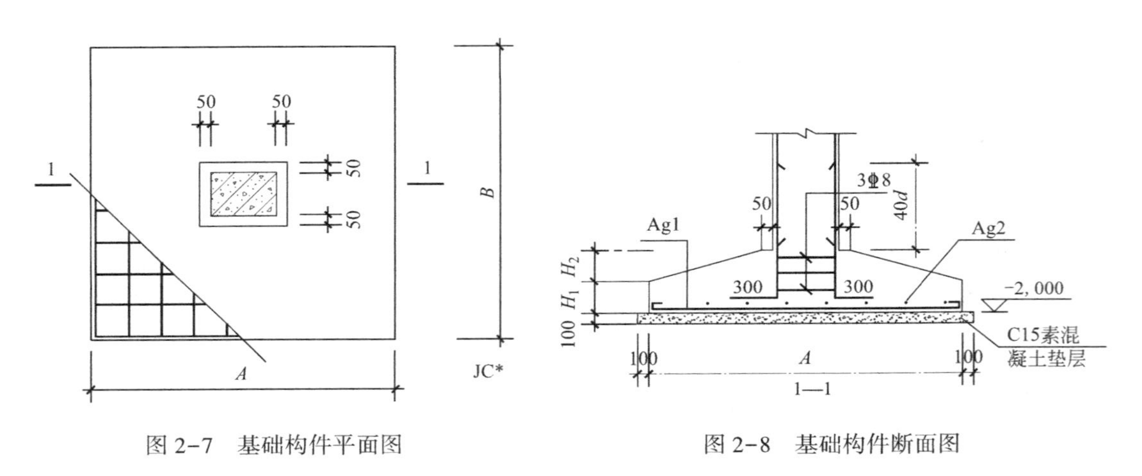

图 2-7　基础构件平面图　　　图 2-8　基础构件断面图

5. 基础详图的主要内容

基础详图主要表示基础构件的形状、尺寸、埋置深度、配筋及基础底标高。

6. 基础详图的识读方法

（1）对照基础平面图，查看基础构件位置，并核对尺寸、形状是否正确。

（2）将基础构件平面图与基础构件断面图对照看，明确基础构件形状、平面及高度尺寸、内部配筋情况及基底标高。

如本案例中，首先我们从基础平面布置图可知，该工程基础形式为柱下独立基础。由表 2-6 知，独立基础编号为 JC1、JC1a、JC2～JC5，共 6 种类型，每种基础类型的基础尺寸、基础高及配筋均在表中列出，而各尺寸对应的具体位置详见 JC＊及 1-1 断面，也即基础详图。

以 JC1 为例，在基础平面布置图中共有 2 个，分别在 A/①及 G/⑦处，为锥形柱下独立基础，基础底部尺寸为 3100×3100，高 H_1 为 350，H_2 为 300，单位均为毫米，基础底标高为-2.000m，基础底板内双向配筋为C12@150，基础下部为100厚C15素混凝土垫层。基础插筋与柱筋搭接长度为40d，d为钢筋直径。基础插筋伸入基底后水平弯折300，基础内设置3道C8的矩形封闭箍筋，C为HRB400钢筋。

基础尺寸与配筋表　　表2-6

基础编号	基础尺寸		基础高		配筋	
	A	B	H_1	H_2	Ag_1	Ag_2
JC1	3100	3100	350	300	Φ12@150	Φ12@150
JC1a	3400	3400	350	300	Φ12@150	Φ12@150
JC2	3800	3800	500	300	Φ12@150	Φ12@150
JC3	4200	4200	600	400	Φ12@150	Φ12@150
JC4	4500	4500	600	400	Φ12@130	Φ12@130
JC5	4900	4900	600	400	Φ12@150	Φ12@150

2.5.3 柱平法施工图

1. 柱平法施工图的制图规则

柱平法施工图是在柱平面布置图上采用列表注写方式或截面注写方式来表达的施工图。

（1）列表注写方式

在柱平面布置图上，先对柱进行编号，然后分别在同一编号的柱中选择一个（有时需选几个）断面标注几何参数代号（b_1、b_2、h_1、h_2）；在柱表中注写柱号、柱段起止标高、几何尺寸（含柱断面对轴线的偏心情况）与配筋的具体数值，并配以各种柱断面形状及其箍筋类型图的方式，来表达柱平法施工图。柱的编号见表2-7。

柱编号　　表2-7

柱类型	代号	序号
框架柱	KZ	××
转换柱	ZHZ	××
芯柱	XZ	××
梁上柱	LZ	××
剪力墙上柱	QZ	××

（2）截面注写方式

在分标准层绘制的柱平面布置图的柱断面上，分别在同一编号的柱中选择一个断面，以直接注写断面尺寸和配筋具体数值的方式来表达柱平法施工图。柱的截面注写方式如图2-9所示。

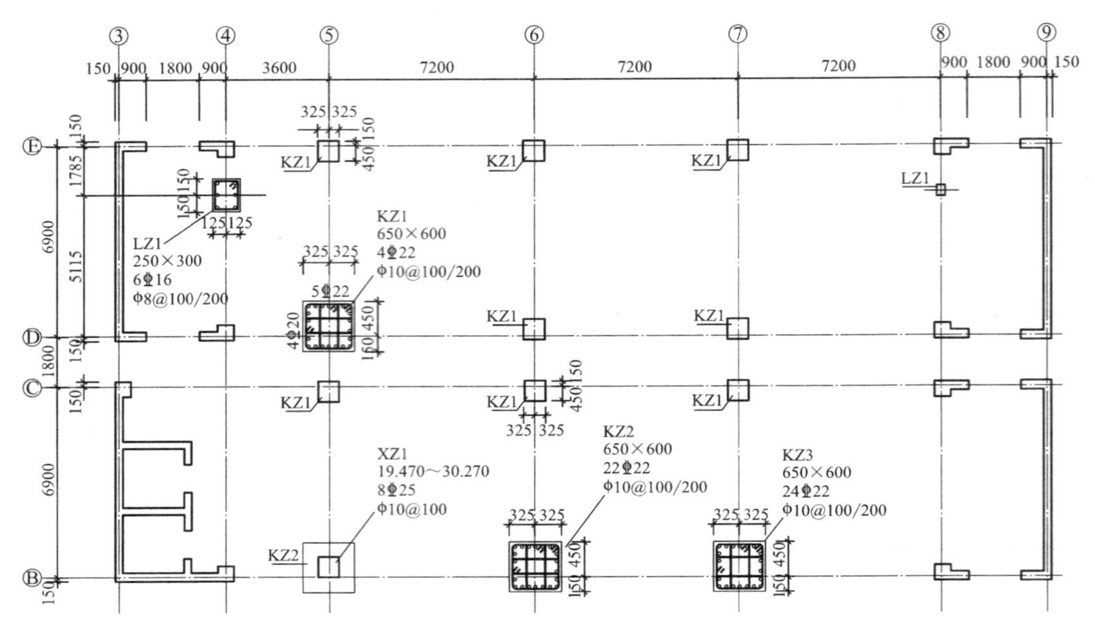

图 2-9 柱的截面注写方式

2. 柱平法施工图识读步骤

柱平法施工图的识读步骤：

（1）阅读结构设计说明中的有关内容。

（2）检查各柱的平面布置与定位尺寸。与基础平面图或下一层柱平面布置图对照，查看各柱的平面布置与定位尺寸是否正确，标注是否齐全。特别应注意变截面处，截面与轴线的关系。

（3）从图中（截面注写方式）及表中（列表注写方式）逐一检查柱的编号、起止标高、截面尺寸、纵筋、箍筋、混凝土的强度等级。

例如，在某地下室柱平法施工图中，采用的是列表注写方式。图 2-10 表示柱子的平面布置及与轴线的尺寸关系。表 2-8 是用列表方式表示的柱子配筋。

我们以 CK 轴与 B14 轴交界点右侧的 KZ5 为例，在墙柱平面布置图中，可知编号为 5 的框架柱的尺寸为 550×750，柱左边距 B14 轴 1300mm，前边超过 CK 轴 25mm。由表 2-8 知，该框架柱的标高从基础顶面-15.15m 至一层结构板面-0.05m 处，纵筋为角筋 4C22，每边的中部筋为 3ϕ20，共 20 根 ϕ20 的中部筋，柱子上下两端箍筋加密处配置 C10@100，中间非加密处配置 C10@200 的箍筋和拉筋，箍筋和拉筋的形式表中有详细绘制。在施工图中，A 为 HPB235 钢筋，B 为 HRB335 钢筋，C 为 HRB400 钢筋。

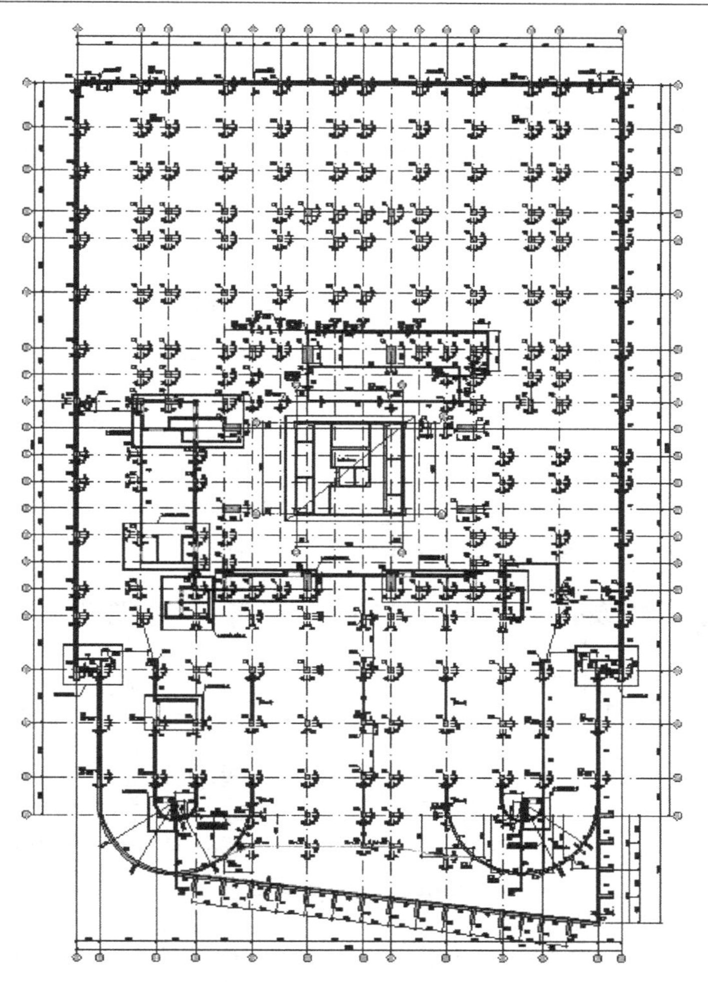

图 2-10　柱子的平面布置图

柱的列表注写方式　　表 2-8

箍筋/拉筋	Φ10@100/200	Φ10@100/200	Φ10@100/200	Φ10@100/200	Φ10@100/200	Φ10@100/200	Φ12@100
截面							
编号	DKZ2	DKZ3	DKZ4	DKZ5	DKZ6	DKZ7	DKZ8
标高	详标高表	详标高表	详标高表	详标高表	基础顶~-10.950	详标高表	详标高表
纵筋	4Φ25(空心)+8Φ22	12Φ25	12Φ22	4Φ22(空心)+8Φ20	8Φ18	16Φ25	12Φ25
箍筋/拉筋	Φ10@100/200	Φ10@100/200(外箍) Φ8@100/200(内箍)	Φ10@100/200	Φ10@100/200	Φ8@100	Φ10@100/200(外箍) Φ8@100/200(内箍)	Φ10@100

柱平法施工图识读

2.5.4 剪力墙平法施工图

1. 剪力墙平法施工图的制图规则

剪力墙平法施工图系在剪力墙平面布置图上采用截面注写方式或列表注写方式表达的剪力墙施工图。

剪力墙平面布置图可采用适当比例单独绘制。例如，某地下室工程中的核心筒剪力墙单独用图纸表示，如图 2-11 所示。当剪力墙比较简单且采用列表注写方法时也可与柱平面布置图合并绘制。对于轴线未居中的剪力墙（包括端柱），应标注其偏心定位尺寸。

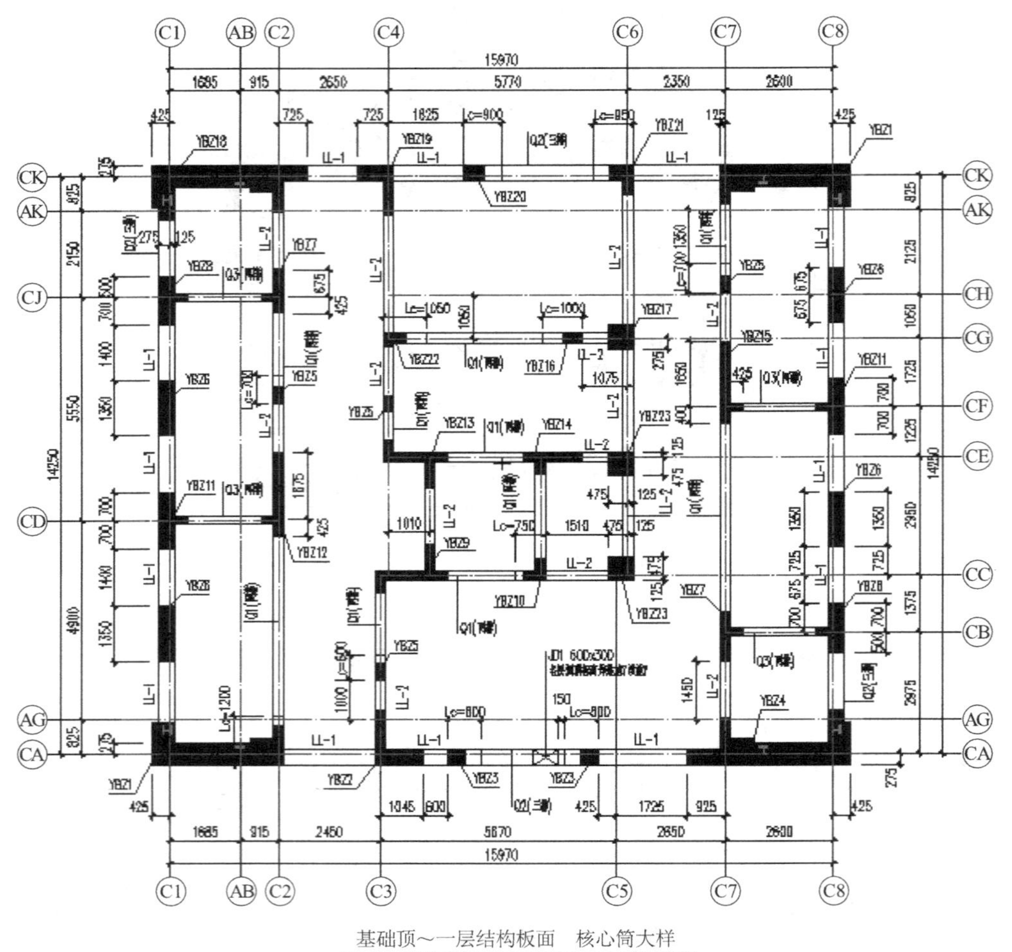

图 2-11 核心筒剪力墙平面布置图

在剪力墙平法施工图中，应按规定注明各结构层的楼面标高、结构层高及相应的结构层号。

（1）列表注写方式

为便于简便、清楚地表达，剪力墙可视为由剪力墙柱、剪力墙身和剪力墙梁三类构件构成。

列表注写方式，系对应于剪力墙平面布置图上的编号，分别在剪力墙柱表、剪力墙身表和剪力墙梁表中，用绘制截面配筋图并注写几何尺寸与配筋具体数值的方式，来表达剪力墙平法施工图。

1）墙柱编号，由墙柱类型代号和序号组成，表达形式见表 2-9。

剪力墙墙柱编号 **表 2-9**

墙柱类型	代号	序号
约束边缘构件	YBZ	××
构造边缘构件	GBZ	××
非边缘暗柱	AZ	××
扶壁柱	FBZ	××

2）墙身编号，由墙身代号、序号、墙身所配置的水平与竖向分布钢筋的排数组成，其中排数注写在括号内，表达形式为：Qx（x 排）。当墙身所设置的水平与竖向分布筋的排数为 2 时可不注。

3）墙梁编号，由墙梁类型代号和序号组成，表达形式见表 2-10。

剪力墙墙梁编号 **表 2-10**

墙梁类型	代号	序号
连梁	LL	××
连梁(对角暗撑配筋)	LL(JC)	××
连梁(交叉斜筋配筋)	LL(JX)	××
连梁(集中对角斜筋配筋)	LL(DX)	××
连梁(跨高比不小于 5)	LLk	××
暗梁	AL	××
边框梁	BKL	××

（2）截面注写方式

在分标准层绘制的剪力墙平面布置图上，以直接在墙柱、墙身、墙梁上注写断面尺寸和配筋具体数值的方式来表达剪力墙平法施工图。图 2-12 所示为某工程用截面注写方式表示的 12.270~30.270 剪力墙平法施工图。

2. 剪力墙平法施工图的识读步骤

识读步骤：

（1）阅读结构设计说明中的有关内容。明确底部加强区在剪力墙平法施工图中的所

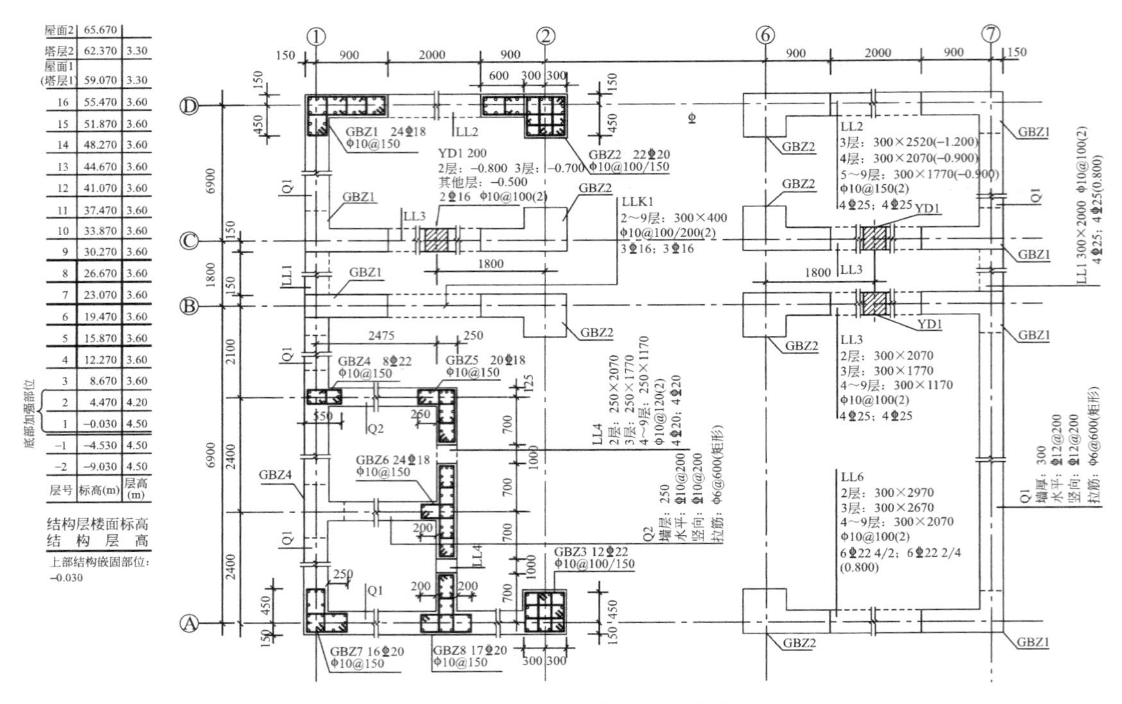

图 2-12　剪力墙的截面注写方式

在部位及高度范围。

（2）根据相应建施平面图，检查各构件的平面布置与定位尺寸。查对剪力墙各构件的平面布置与定位尺寸是否正确、标注是否齐全。特别应注意变截面处，上下截面与轴线的关系。

（3）从图中（断面注写方式）及表中（列表注写方式）检查剪力墙身、剪力墙柱、剪力墙梁的编号、起止标高（或梁面标高）、断面尺寸、配筋。

例如，图 2-12 所示的某地下室工程中的核心筒剪力墙，采用了列表注写方式。

与图 2-12 核心筒剪力墙平面布置图对应的剪力墙墙身、墙梁（包括连梁 LL 和暗梁 AL）见表 2-11、表 2-12，剪力墙墙柱见表 2-13。

剪力墙墙身、墙梁（LL）表　　　　**表 2-11a**

剪力墙身表

编号	标高	墙厚	水平分布筋	垂直分布筋	墙中部钢筋网	拉筋（梅花双向）
Q1（两排）	详见层高表	250	Φ10@150	Φ10@150	无	Φ8@450
Q2（三排）	详见层高表	400	Φ12@150	Φ12@150	Φ12@300（双向）	Φ8@450
Q3（两排）	详见层高表	200	Φ10@150	Φ10@150	无	Φ8@450

表 2-11b

剪力墙连梁表

编号	梁面标高	梁截面 $b \times h$	上部纵筋	下部纵筋	箍筋	腰筋
LL-1	-10.950,-6.450,-1.950,-0.050	400×1200	8⏀22 2/6	8⏀22 2/6	⏀12@100(4)	N14⏀14
LL-2	-10.950,-6.450,-0.050	250×1000	6⏀22 4/2	6⏀22 4/2	⏀12@100(2)	N10⏀12

剪力墙墙梁（AL）表 表 2-12

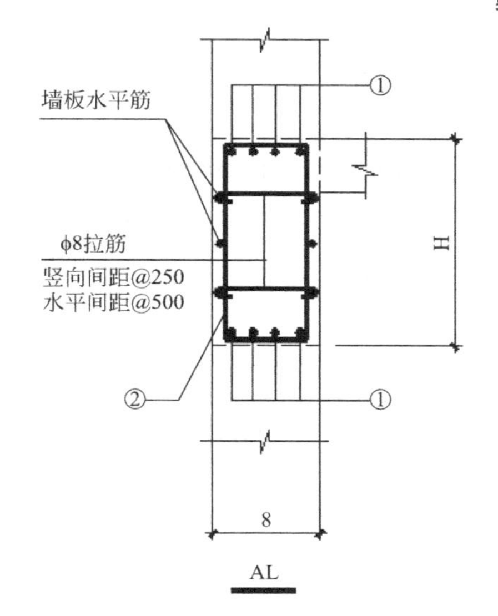

	B	H	①	②	
AL-1	550	600	6⏀20	⏀8@200	四肢箍
AL-2	550	800	6⏀22	⏀10@200	四肢箍
AL-3	650	900	8⏀22	⏀10@200	四肢箍
AL-4	300	600	4⏀20	⏀8@200	两肢箍
AL-5	400	600	6⏀20	⏀10@200	四肢箍
AL-6	200	500	3⏀16	⏀8@200	两肢箍

剪力墙墙柱表 表 2-13

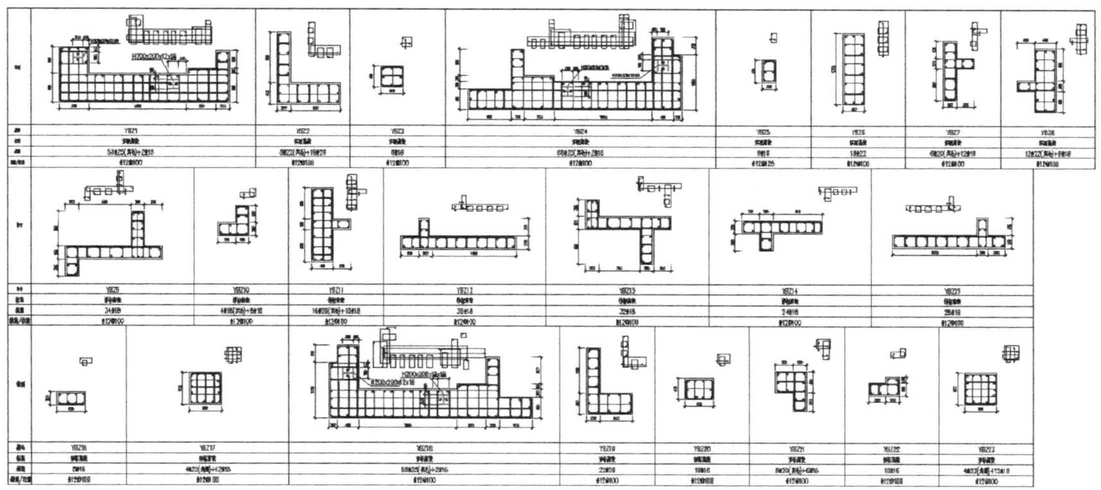

剪力墙施工图识读

2.5.5 梁平法施工图

1. 梁平法施工图的制图规则

梁平法施工图是在梁平面布置图上采用平面注写方式或截面注写方式来表达的施工图。

梁平面布置图，应分别按梁的不同结构层（标准层），将全部梁和其相关联的柱、墙、板一起采用适当比例绘制。

在梁平法施工图中，应按规定注明各结构层的顶面标高及相应的结构层号。

对于轴线未居中的梁，应标注偏心定位尺寸（贴柱边的梁可不注）。

（1）平面注写方式

在梁的平面布置图上，分别在不同编号的梁中各选出一根，在其上注写断面尺寸和配筋具体数量的方式来表达梁平面整体配筋。平面注写包括集中标注与原位标注，集中标注表达梁的通用数值，原位标注表达梁的特殊数值。当集中标注中某项数值不适用于梁的某部位时，则应将该项数值在该部位原位标注，施工时，按照原位标注取值优选原则。

梁编号由梁类型代号、序号、跨数及有无悬挑代号组成，见表 2-14。

梁编号 表 2-14

梁类型	代号	序号	跨数及是否带有悬挑
楼层框架梁	KL	××	(××)、(××A)或(××B)
楼层框架扁梁	KBL	××	(××)、(××A)或(××B)
屋面框架梁	WKL	××	(××)、(××A)或(××B)
框支梁	KZL	××	(××)、(××A)或(××B)
托柱转换梁	TZL	××	(××)、(××A)或(××B)
非框架梁	L	××	(××)、(××A)或(××B)
悬挑梁	XL	××	(××)、(××A)或(××B)
井字梁	JZL	××	(××)、(××A)或(××B)

注：（××A）为一端有悬挑，（××B）为两端有悬挑，悬挑不计入跨数。

（2）截面注写方式

截面注写方式，就是在分标准层绘制的梁平面布置图上，分别在不同编号的梁中各选择一根用断面剖切符号引出配筋图，并在其上注写断面尺寸和配筋具体数值的方式来表达梁平面整体配筋。断面注写方式既可单独使用，也可与平面注写方式结合使用。当梁的顶面高度与结构层的楼面标高不同时，应在梁编号后注写梁顶面标高与楼面标高高差。

实际工程设计中，常采用平面注写方式，仅对其中梁布置过密的局部或为表达异型断面梁的截面尺寸及配筋时采用断面注写方式表达。

图 2-13 所示为用截面注写方式表示的梁平法施工图。

2. 梁平法施工图的识读步骤

（1）根据相应建施平面图，校对轴线网、轴线编号、轴线尺寸。

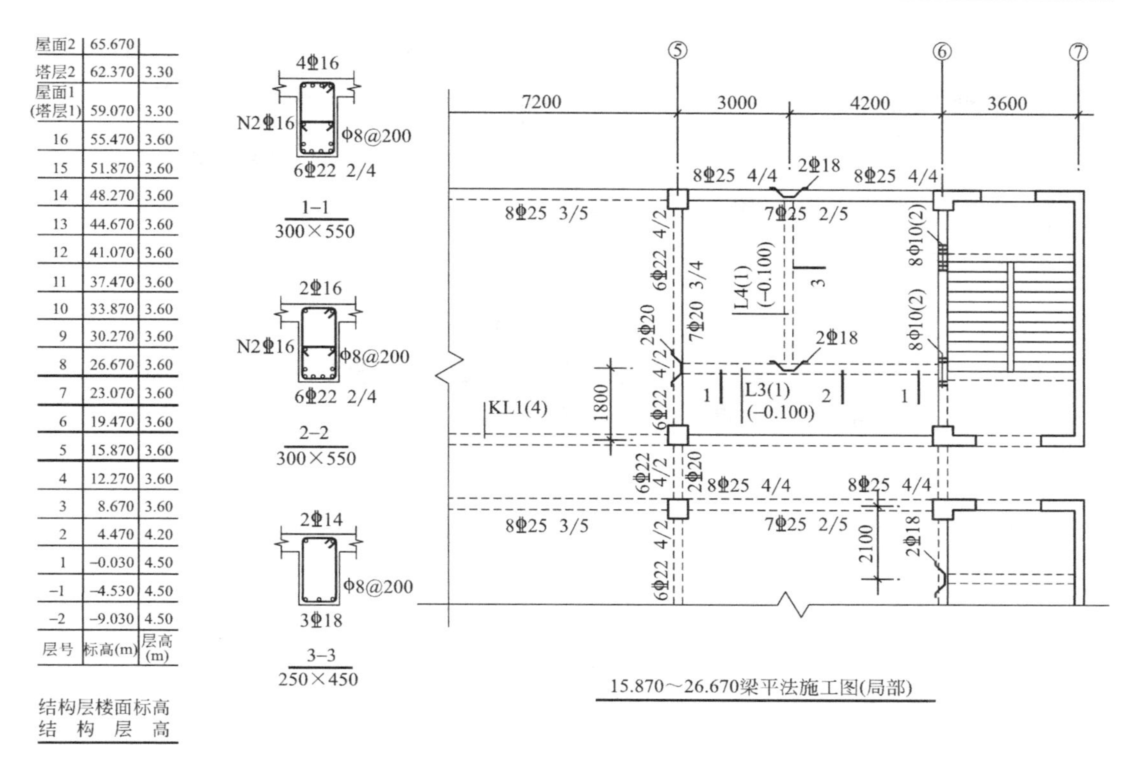

图 2-13 梁平法施工图的截面注写方式

（2）检查梁的编号、定位尺寸、是否齐全、正确。

（3）仔细检查每一根梁编号、跨数、断面尺寸、配筋及相对标高。首先根据梁的支承情况、跨数分清主梁或次梁（可以根据附加箍筋或吊筋判断），检查跨数注写是否正确；对于主梁应检查附加横向钢筋有无遗漏，断面尺寸、梁的标高是否满足次梁的支承要求；检查集中标注的梁面通长钢筋与原位标注的钢筋有无矛盾；梁的标注有无遗漏。

下面以某工程的 5. 100 标高梁平法施工图为例进行识读。

（1）阅读结构设计总说明中有关梁的内容。

（2）对照建施平面图，熟悉梁平面布置，主梁与次梁相互关系。

（3）明确梁类型、编号、截面尺寸、配筋、相对标高等。

例如，F 轴处梁为 KL12（编号为 12 的框架梁），由集中标注知该梁 6 跨，截面尺寸为 200×600，箍筋为 C8@ 200，梁端加密处为 ϕ8@ 100，箍筋为双肢箍；上部通长筋 2ϕ22，梁中部两侧抗扭筋为 4ϕ12，梁顶标高同楼面标高，为 5. 100 米。原位标注在梁上方的为上部支座钢筋，下方的为下部筋。该梁下部纵向钢筋每跨各不相同，分别标注在每跨梁下部。如①轴支座处断面配筋为梁支座上部配 5C22 钢筋，分两排，自上而下第 1 排筋 3ϕ22，第 2 排筋 2ϕ22，下部筋也分两排，上一排筋 2ϕ20，下一排筋 3ϕ22，该梁第一跨（1~2 轴）两端支座加密区箍筋为 C8@ 100，中间段非加密区 C8@ 150。第一跨中间

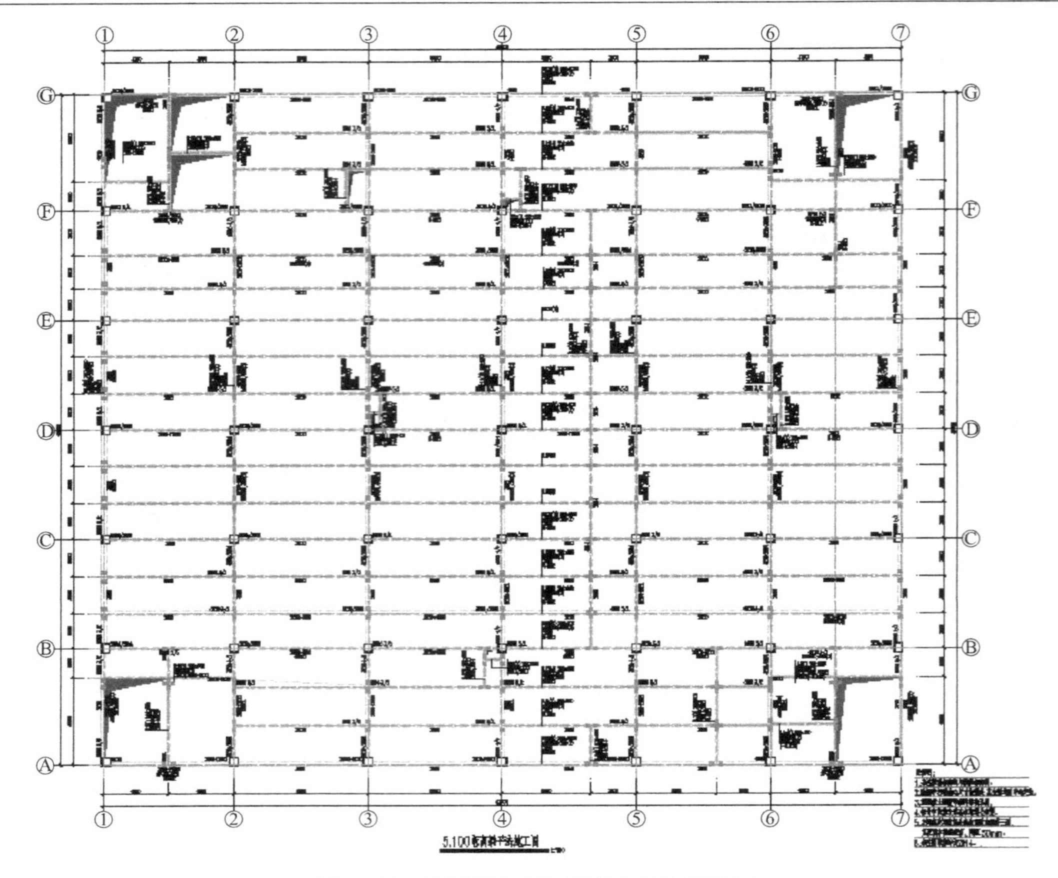

图 2-14　某工程 5. 100 标高梁平法施工图

遇次梁 L2（编号为 2 的非框架梁）处，两边各设附加箍筋 3 道，附加箍筋为 3C8@ 50；其中，C 为 HRB400 钢筋，D 为 HRB500 钢筋。梁支座的钢筋仅在一边标注，表示支座两边的纵筋配置相同。其余 5 跨读图方式相同。

梁平法施工图识读

2. 5. 6　楼（屋）面结构平面图

1. 楼（屋）面结构平面图的表示方法

楼（屋）面结构平面图是用一假想剖切面，沿着楼板结构面将建筑物水平剖开，移去上部建筑物，往下作水平正投影，所得到的水平剖面图。用来表示楼（屋）面各构件的平面布置情况，以及现浇板的配筋。

楼屋面结构平面图中对剖到的柱、剪力墙等构件，一般用截面的外轮廓并涂黑表示，被楼板覆盖的不可见构件（如梁）可采用虚线（习惯上也用细实线）表示出构件的边线。

2. 楼（屋）面结构平面图应表达以下内容：

（1）各结构标准层，梁、柱（包括构造柱）、剪力墙等承重构件的平面位置及构件的定位轴线，轴线间尺寸与建筑的总长、总宽；雨篷、挑檐等位置及尺寸。

若为装配式楼盖，应标明各预制板的类型、型号、数量。若为现浇楼盖，应标明各板的板厚、板面标高及板配筋；屋面采用结构找坡时，还应表示屋脊线的位置，屋脊及檐口处的结构标高，女儿墙或女儿墙构造柱的位置。

（2）管道、烟道、通风道等预留洞口的位置及尺寸，洞口周边加强筋等构造措施（也可在结构总说明中表达）。

（3）楼梯间的结构布置一般另行绘制详图，结构平面图中常用对角线表示楼梯编号（如1号楼梯等）。

（4）所采用的混凝土强度等级（也可在结构总说明中统一注明）。

（5）节点详图的索引符号及构件统计表、钢筋表和文字说明。

3. 识读步骤：

（1）按照图纸顺序识读，一般为柱、剪力墙平法图，梁平法图、楼板配筋图。

（2）对照相应建筑平面图，检查定位轴线编号、轴线尺寸、构件定位尺寸是否正确，有无遗漏。

（3）对照建施图，检查板四周梁、柱（构造柱）、剪力墙的布置是否正确；查看楼、电梯间的位置、各种预留孔洞的位置、洞口加筋是否正确，各个构造如雨篷、挑檐等位置是否正确，有无遗漏。

（4）对照建施图的建筑标高和楼面粉刷做法，检查板面结构标高是否正确、标注有无遗漏。

（5）当楼板采用预制板楼（屋）盖时，应检查各区格板预制构件的数量、型号，明确板的搁置方向，板缝的大小是否满足施工要求。当预制板套用标准图时，应查阅标准图集，了解施工要求。

（6）采用现浇板楼（屋）盖时，应查看板厚、板底钢筋、支座负筋以及分布钢筋的直径、间距、钢筋种类及支座负筋的切断点位置，看有无错误或遗漏。

（7）阅读说明及详图。将各详图的形状、配筋、尺寸、标高等与建筑详图对照，检查有无矛盾。

结合某公司3号车间项目，我们来识读该工程5.100标高板配筋图（图2-15）：

在该工程中，柱、剪力墙布置已在柱、剪力墙平面布置图中标注，梁的布置在梁平法施工图中体现（见教材关于梁平法施工图的识读），这里的楼层平面图其实重点是识读板配筋图。读图时应注意：

（1）阅读结构设计总说明中有关板的内容。

（2）对照建施平面图，熟悉板的平面布置，核对轴网及尺寸，楼梯间位置及洞口位置、尺寸。

（3）对照柱、剪力墙布置图及梁平法图，核对梁、柱（构造柱）、剪力墙的布置，明

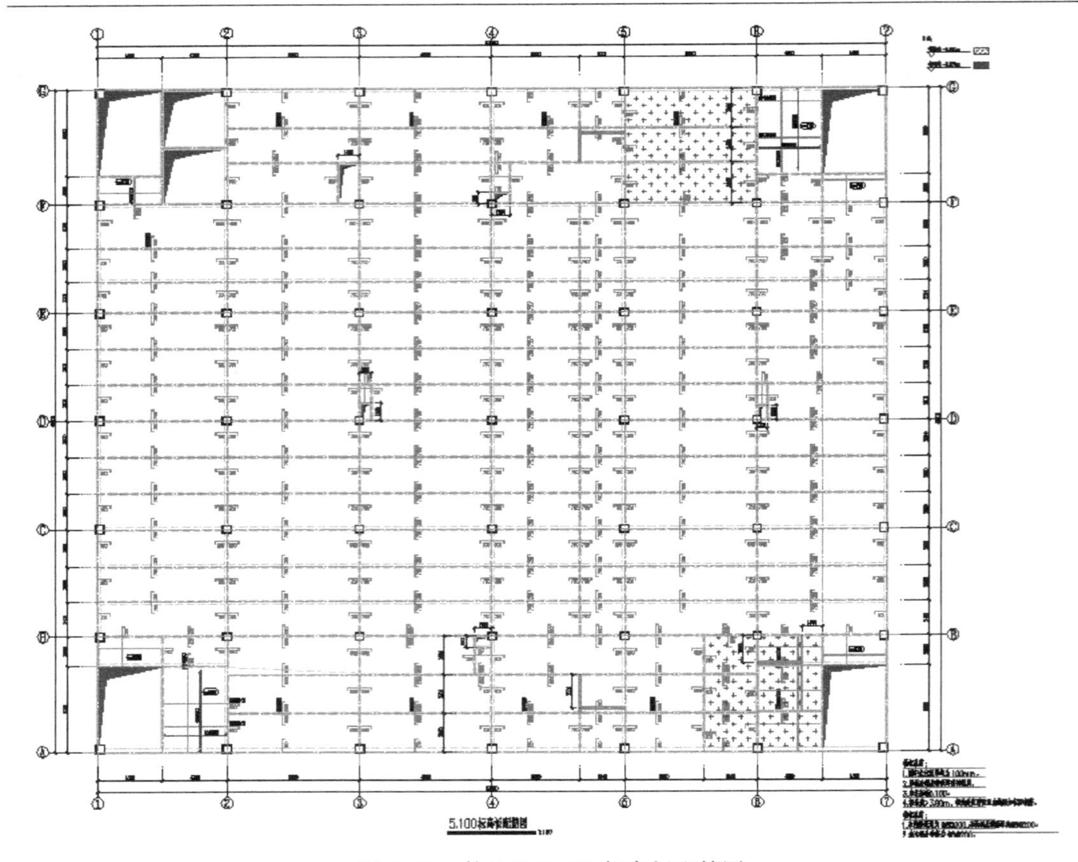

图 2-15　某工程 5. 100 标高板配筋图

确板的区格位置。

（4）明确现浇板板厚、配筋、板面标高等。

（5）查看板的预留孔洞及洞口加筋。

图中打的是净化空调纯化水间，楼板需降标高 50mm；图中打的是清洗间和卫生间，楼板需降标高 30mm。以轴 2～3、轴 C～D 之间的现浇板来讲解，该板厚 100mm，板顶标高 5. 100m；下部钢筋：纵、横向受力钢筋均为 C8@ 200，（板中未画，在图右下角“楼板说明”中注明）；上部钢筋：与梁交接处设置负筋，C8@ 200，伸出梁外长度为 750mm，均为向下做 90°直钩顶在板底。

楼面结构平面图识读

2. 5. 7　结构详图的识读

1. 楼梯详图介绍

楼梯详图由楼梯平面图、楼梯剖面图、楼梯构件详图组成。

楼梯平面图反映楼梯踏步板、休息平台板、楼梯梁等构件的平面位置；楼梯剖面图反映楼梯踏步板、休息平台板、楼梯梁等构件沿高度方向的布置；楼梯构件详图反映楼梯梁、楼梯踏步板、平台板的截面尺寸及配筋。

2. 楼梯详图识读步骤：

（1）阅读楼梯平面图：对照建筑楼梯详图，检查轴网、踏步宽度及级数、平台板、楼梯梁的平面布置是否正确。

（2）阅读楼梯剖面图：对照建筑楼梯详图及楼梯结构平面图，检查踏步高度及级数、平台板、楼梯梁沿高度方向的布置及标高是否正确，明确楼梯板的板厚、平台板板厚及板内配筋。

（3）阅读楼梯构件详图：校对各构件截面尺寸、标高、编号等是否正确，再校对各构件（如楼梯梁）的配筋情况。

（4）应重点检查楼梯的净高（特别是梯梁下方）是否满足设计强制性条文的规定。

我们以某公司 3 号车间楼梯图为例，读图时：

（1）对照楼梯建筑图，阅读各层楼梯平面图，熟悉楼梯板、平台板、楼梯梁的平面布置。

（2）对照各层楼梯结构平面图，阅读楼梯结构剖面图，熟悉踏步宽度、高度及级数、平台板、楼梯梁的布置及标高，楼梯板及平台板的板厚、配筋。

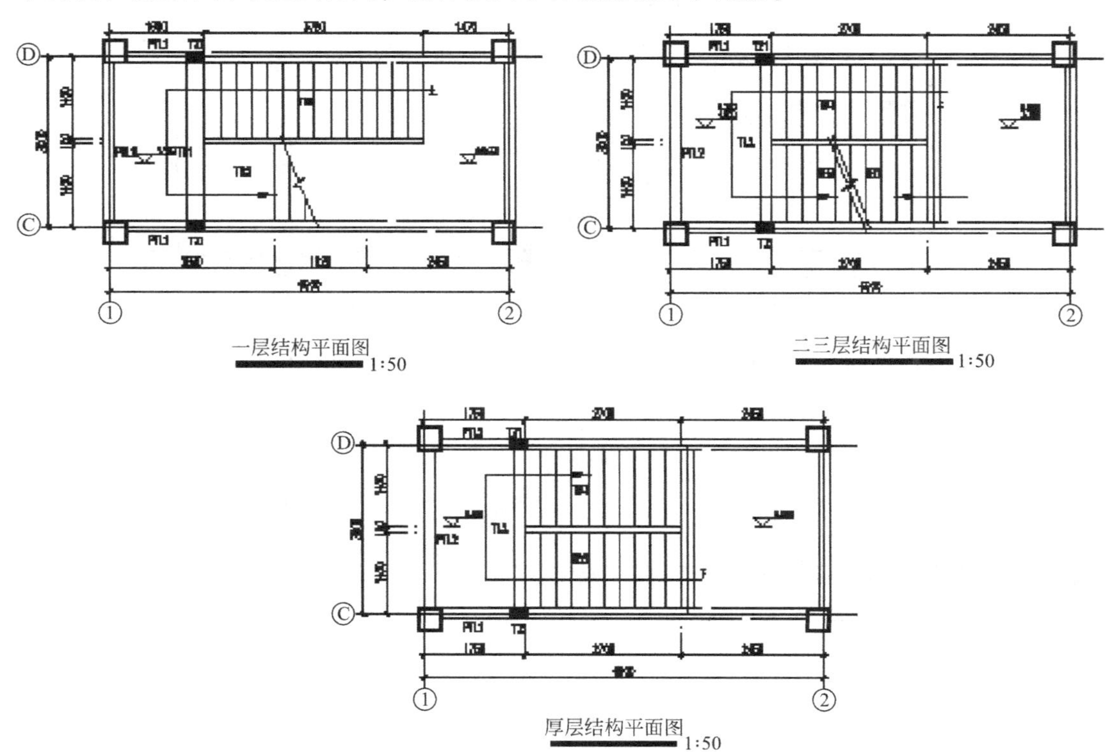

图 2-16　楼梯结构平面图

（3）阅读楼梯构件详图，明确楼梯段、楼梯梁、平台板尺寸及配筋。

例如，由一层结构平面图可知，TB1（编号为 1 的楼梯板）一端搁置在±0.000m 首跑滑动支座处，另一端搁置在 TL1（编号为 1 的楼梯梁上）；楼梯剖面配筋图可知该楼梯段踏步的宽度为 270mm，高度为 150mm，级数为 15 步；由楼梯详图可知该梯段板厚 140mm，板内为双层双向配筋：上部主筋 ϕ12@200，分布筋 ϕ8@200；板下部主筋 ϕ12@130，分布筋 ϕ8@200。

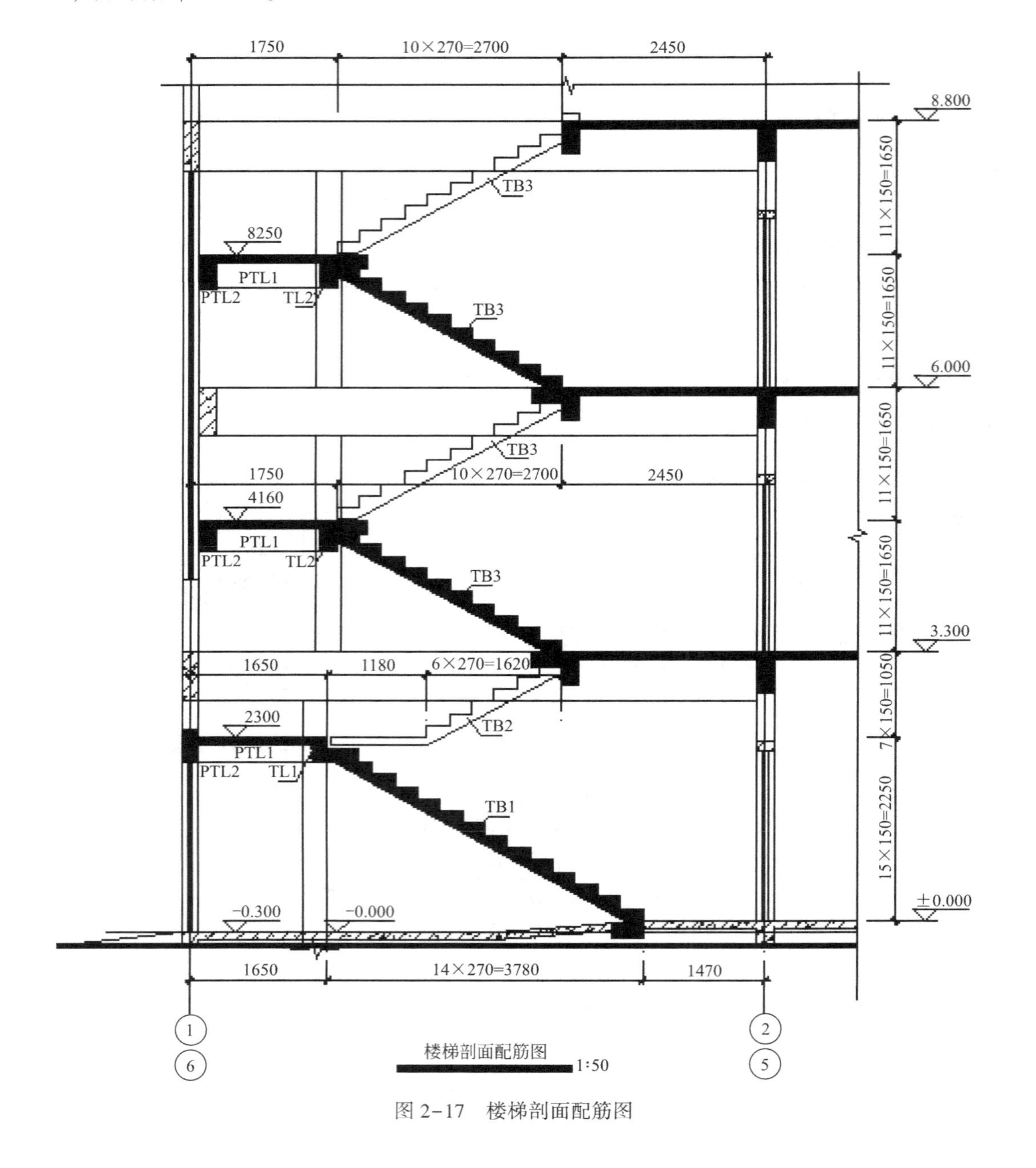

图 2-17　楼梯剖面配筋图

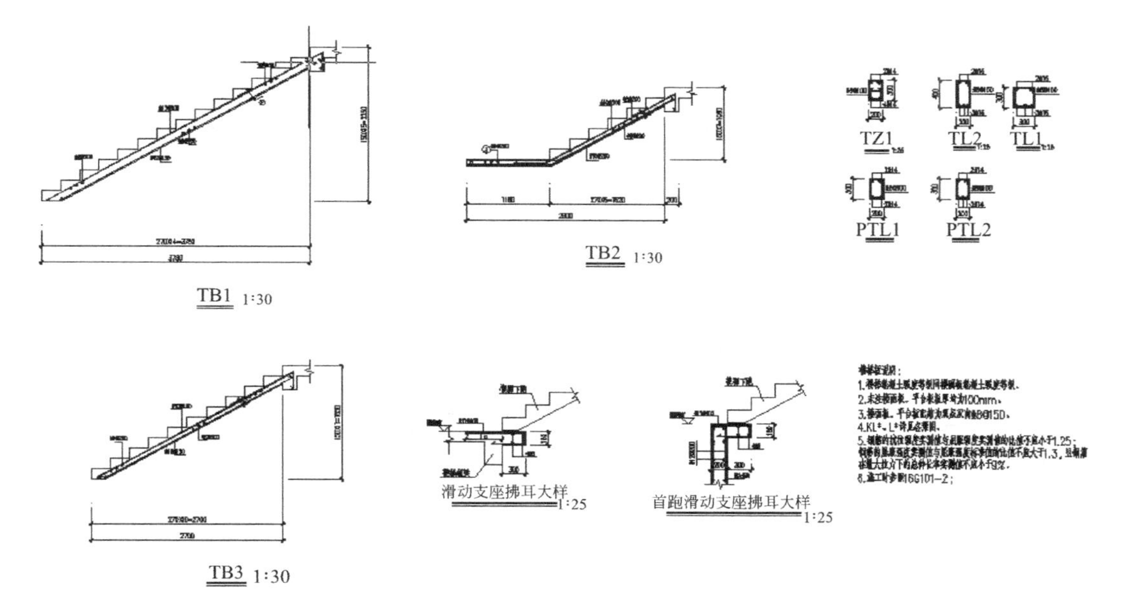

图 2-18 楼梯详图

3. 节点详图

当用平法制图规则无法准确表达某构件或节点的设计意图时，应绘制节点详图。

通用的节点详图一般可在结构设计总说明中表达；套用标准图集的构件，构件详图及节点详图可查阅有关标准图集；但是有些构件仍需单独绘制节点详图，比如檐沟、雨篷、线脚等。

4. 节点详图识读步骤：

阅读节点详图时应对照相应的建筑详图，注意截面尺寸、配筋、标高是否正确，节点详图有无遗漏，结合结构平面图，检查平面索引位置及编号是否正确。

我们以某公司 3 号车间楼梯、电梯屋面标高板配筋图中雨篷节点详图为例（图 2-19），读图时：

（1）对照索引节点的结构图，结合相应建筑图，熟悉节点位置。

（2）明确节点截面尺寸、配筋、标高等。

首先，我们找到该索引节点的原结构图，如图 2-20 所示。结合建筑施工图，可知节点 1 为 LT304 楼梯出屋面处，门上方的雨篷。由节点详图 1 知，该雨篷板挑出外墙面 1000mm 长，板厚 100mm，雨篷沿周边上翻

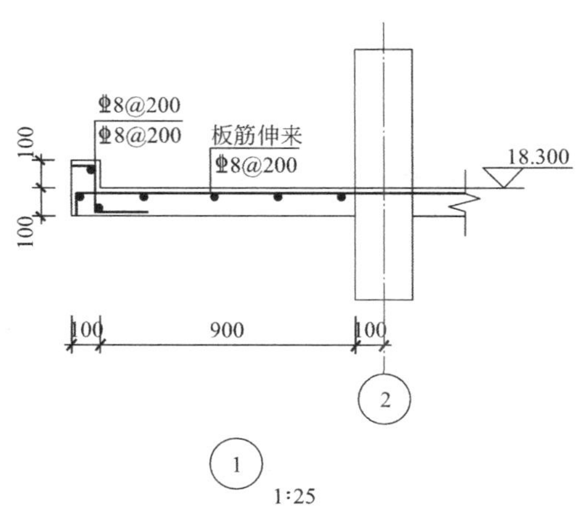

图 2-19 雨篷节点详图

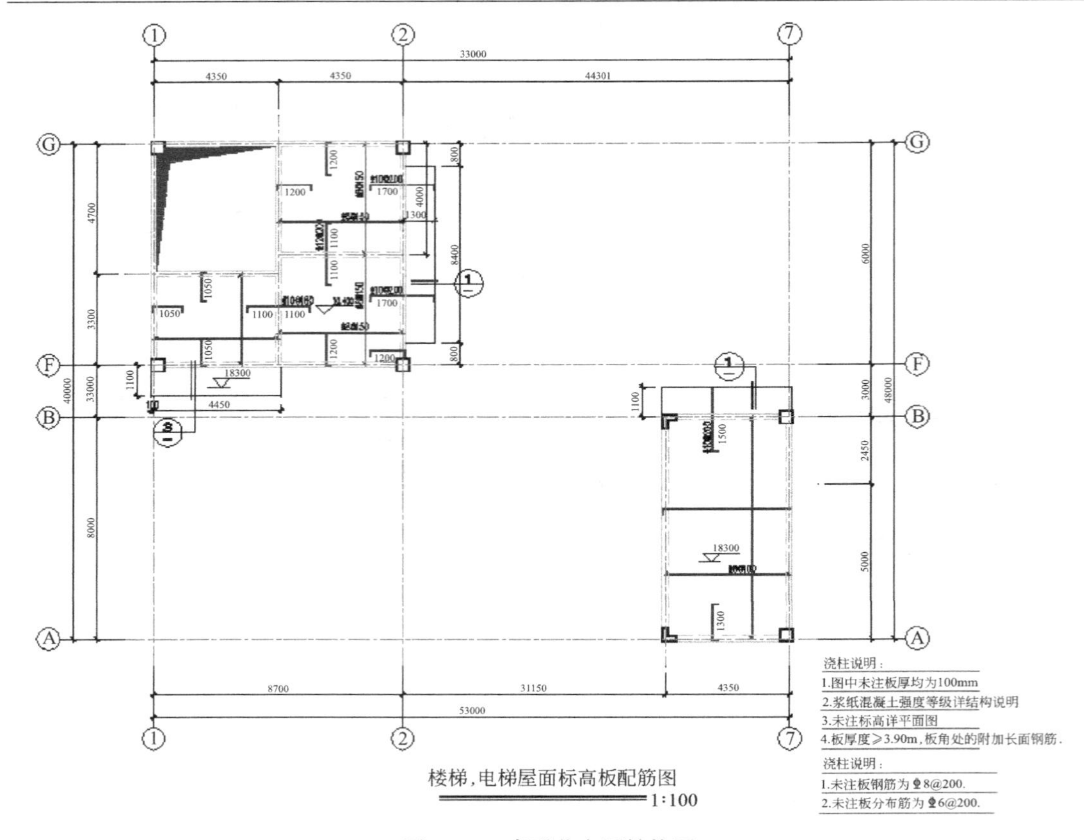

图 2-20　索引节点原结构图

100mm 高，100 厚；雨篷板上部主筋从板筋伸出，配筋为 ϕ10@ 200，ϕ10 钢筋伸入板内 1500mm（距 B 轴墙内边）；板分布筋为 A6@ 200；上翻板配筋为 ϕ8@ 200，分布筋为 ϕ8@ 200（即图中所示 2C8），雨篷板顶部标高为 18. 300m。

结构详图识读

2. 6　BIM 建模应用

2. 6. 1　HIBIM 功能概述

HIBIM 软件是目前国内基于 Revit 二次研发的 BIM 应用软件，主要功能有建模翻模、深化设计、标准出图、定额出量、云族库等，在提高 BIM 模型建模效率、深化功能、模型定额出量复用、族平台共享等方面得到用户好评。HIBIM 的操作界面如图 2-21 所示。

HIBIM 软件将传统算量、建模的方式应用到 Revit 上，简化 Revit 的操作方式，提高建模效率，同时还兼有深化设计和工程出量功能。在建模部分分为两类，一类是主体建模（即建筑结构建模），还有一类是机电深化。每个选项卡下有手工建模、转化建模（即 CAD 翻模）和效率功能三个部分。

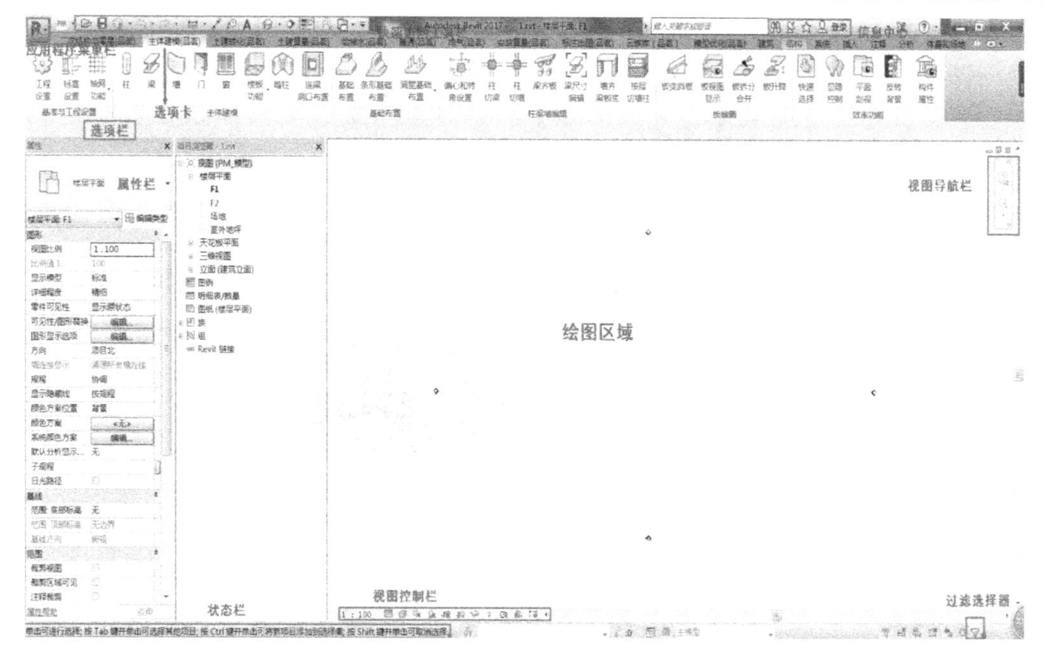

图 2-21　HIBIM 操作界面

手工建模部分主要做的是功能整合，在 Revit 中需要多个命令共同完成的结果，HIBIM 软件中，只需在一个界面进行修改。如：鼠标左键点击“标高设置”工具，用户可以在系统跳出的“标高设置”对话框中，根据需要设置相关楼层信息，软件可以快速生成楼层表，如图 2-22 所示。又如，在“门”命令中，用户可以在“门布置”中修改尺寸，同时进行“载入族”、“复制”、“删除”、“重命名”、“查找”等操作。如图 2-23 所示。

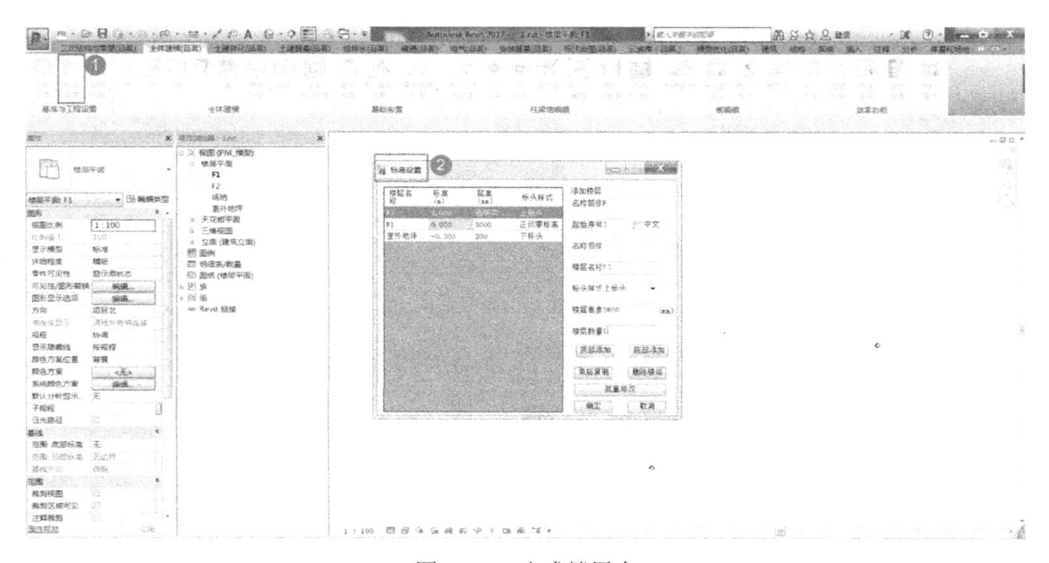

图 2-22　生成楼层表

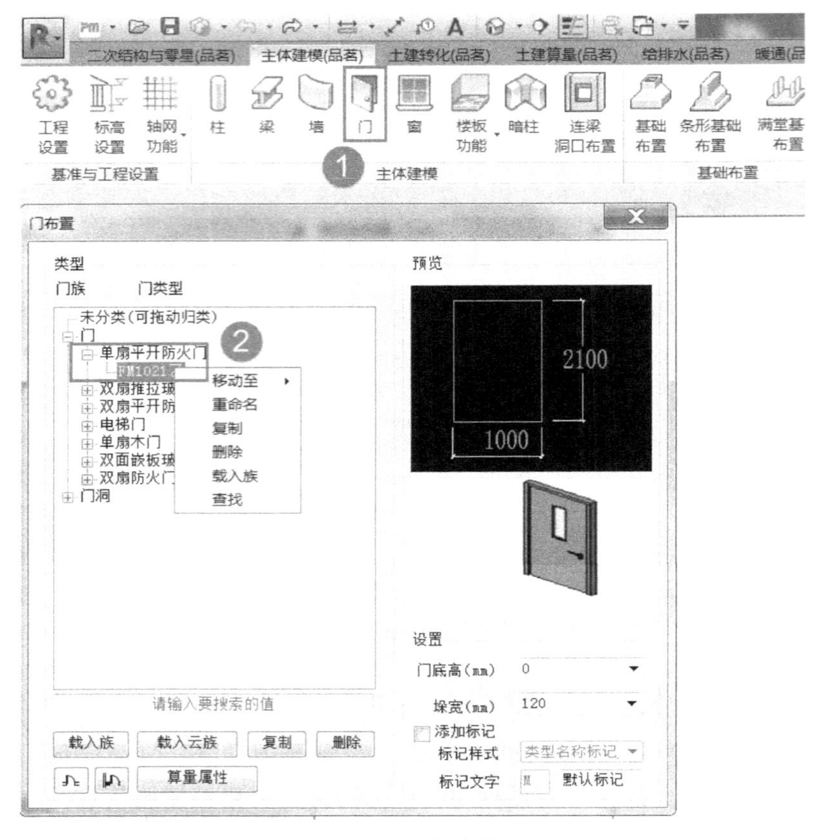

图 2-23　门建模

土建转化（即翻模）选项卡下有“表格转化”、“主体转化”、“基础转化”、“效率功能”四个面板。其中，“主体转化”面板包含“轴网转化”、“柱转化”、“梁转化”、“墙门窗转化”工具。如图 2-24 所示。

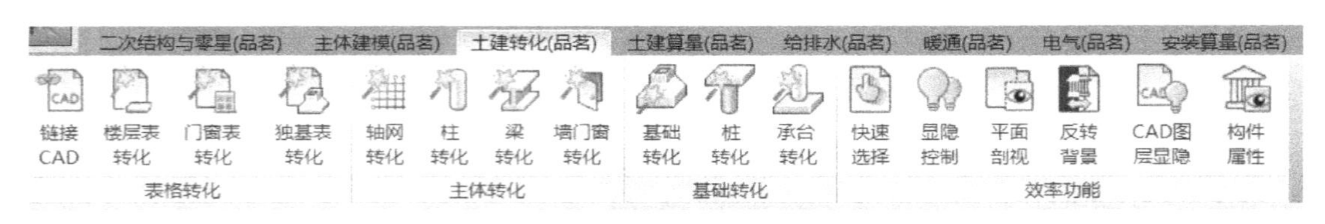

图 2-24　土建转化

以梁为例，我们只需点击“土建转化”选项卡下的“梁转化”工具，在系统跳出的“梁转化”对话框中，点击梁标注下的“提取”，去 CAD 图中选取梁标注，完成后，再点击梁边线下的“提取”，去 CAD 图中选取梁边线。完成后，设置“顶部偏移”，勾选“转化无标注梁”等，点击“转化”，系统即自动转化完成该楼层所有的梁。操作过程如图 2-25 所示。

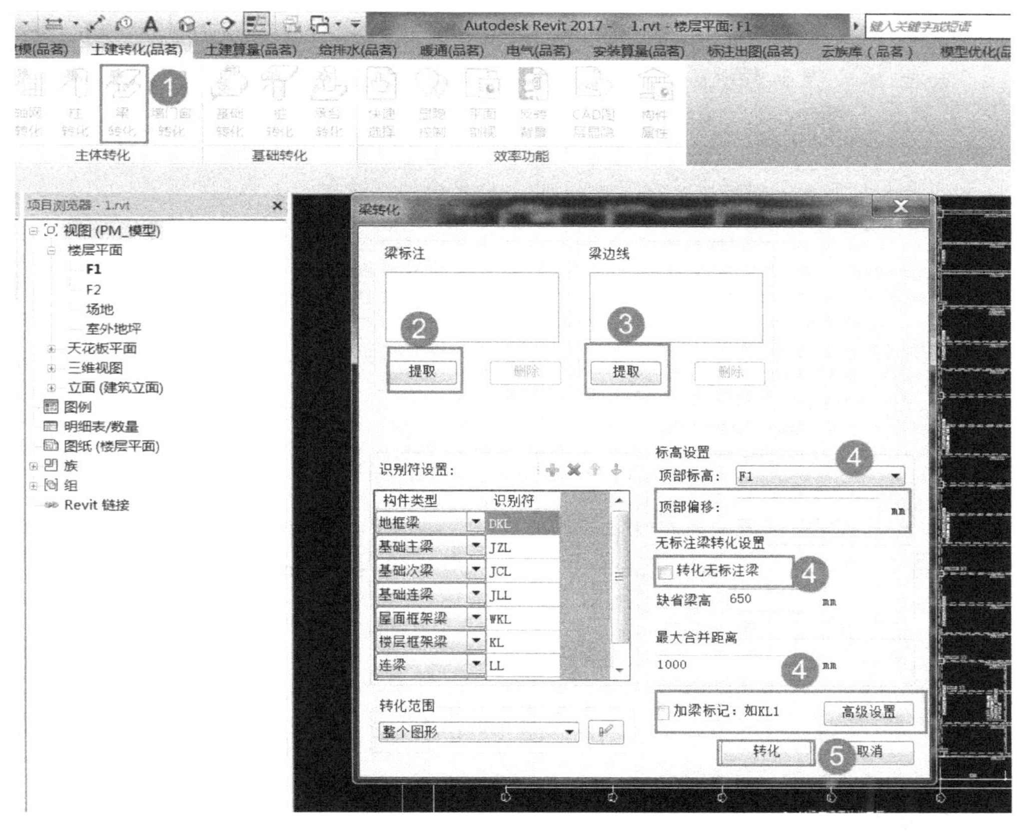

图 2-25　梁转化

HIBIM 软件中建模、转化功能的使用，极大地提高了建模效率。

2.6.2　CAD 图纸链接

以 3 号厂房工程一层为例，链接 CAD 图纸（一层平面图、门窗表），点击菜单栏【土建转化（品茗）】下的【链接 CAD】，如图 2-26 所示。

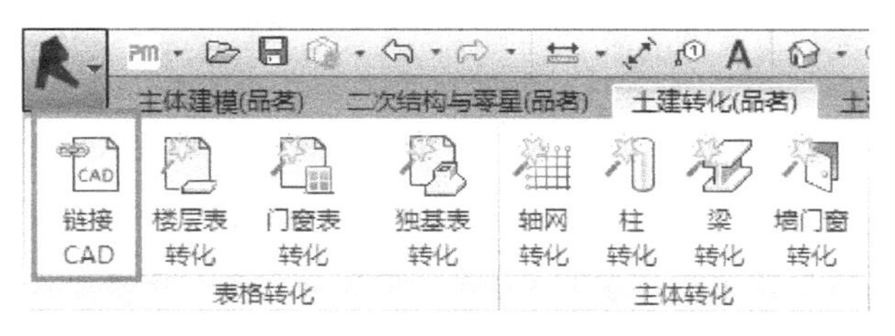

图 2-26　链接 CAD

点击后弹出如图 2-27 所示窗口，导入所需图纸（可先导入门窗表），选择【仅当前视图】、【导入单位】项选择毫米。

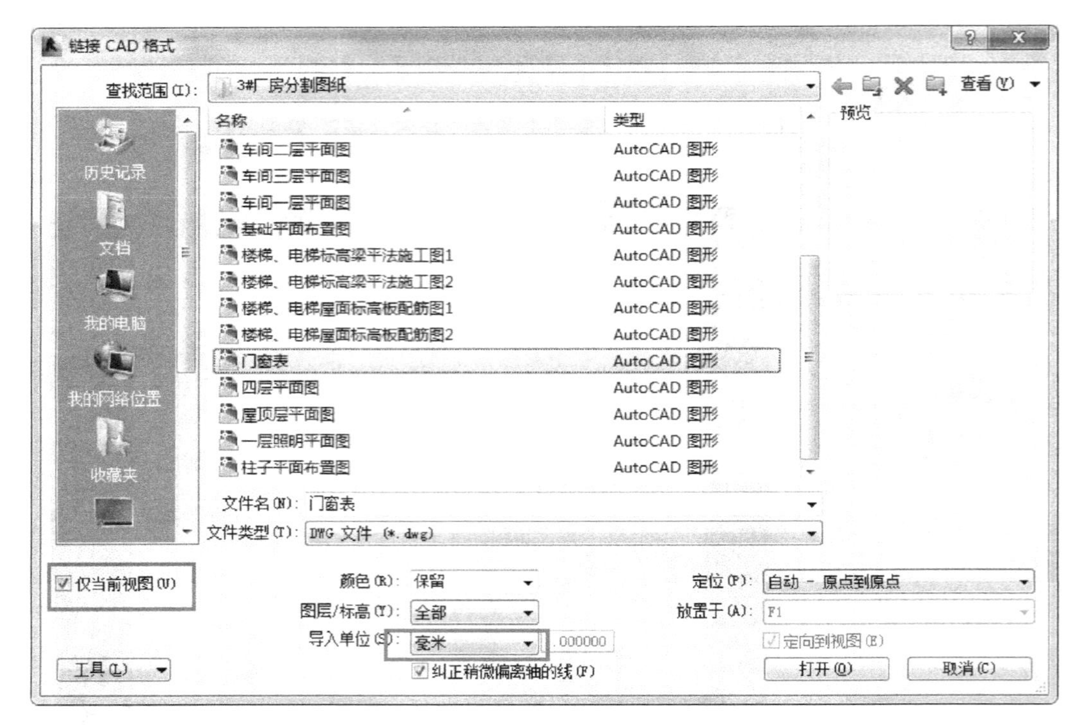

图 2-27　图纸链接选项

2.6.3　基础转化

以 3 号厂房工程基础为例，链接 CAD 图纸（独立基础表），点击菜单栏【土建转化（品茗）】下的【独基表转化】，如图 2-28 所示。

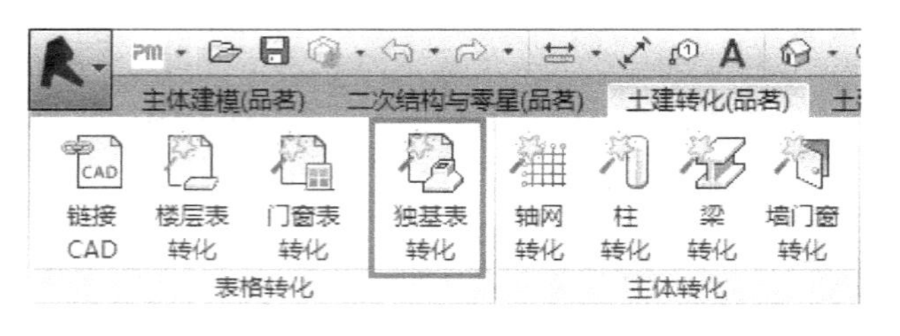

图 2-28

在图中框选独基表，如图 2-29 所示，弹出如图 2-30 所示窗口，调整数据对应的名称（根据独基表信息，分别调整为基础长宽、高度 h1h2），设置独基类型，点击【转化】完成独基表转化。

链接 CAD 图纸（基础平面布置图），点击菜单栏【土建转化（品茗）】下的【基础转化】，如图 2-31 所示，弹出基础转化窗口，点击【提取】，依次提取独立基础标注层与边线层；根据基础平面布置图信息，确定基础底标高；完成全部设置后，点击【转化】，完成一层独立基础转化。

基础编号	基础尺寸		基础高		配筋	
	A	B	H1	H2	Ag1	Ag2
JC1	3100	3100	350	300	C12@ 150	C12@ 150
JC1a	3400	3400	350	300	C12@ 150	C12@ 150
JC2	3800	3800	500	300	C14@ 150	C14@ 150
JC3	4200	4200	600	400	C12@ 150	C12@ 150
JC4	4500	4500	600	400	C12@ 130	C12@ 130
JC5	4900	4900	600	400	C12@ 150	C12@ 150

图 2-29

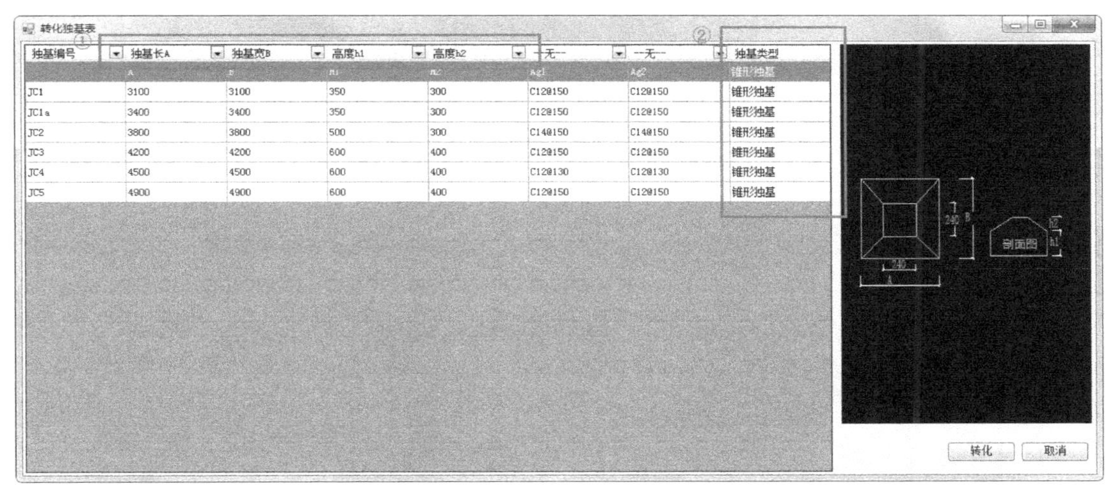

图 2-30

2.6.4　柱建模

以 3 号厂房工程一层柱为例，链接 CAD 图纸，如图 2-32 所示，选择所需图纸，选择【仅当前视图】、【导入单位】项选择毫米。

点击菜单栏土建转化（品茗）下的【柱转化】，如图 2-33 所示，弹出以下窗口，点击【提取】，依次提取柱标注层与边线层；提取完成后，设置柱顶部与底部标高，点击【转化】。

Autodesk Revit 2016
土建转化(品茗)
土建算量(品茗)
给排水(品茗)
暖通(品茗)
电气(品茗)
安装算量(品茗)
标注出图(品茗)
主体转化
基础转化
效率功能
基础转化
基础标注
基础边线
提取
删除
基础识别符设置:
构件类型
识别符
独立基础
DJ
标高设置
底绝对标高(m)
底参照标高
底部偏移(mm)
-2000
转化无标注类型
加标记
转化范围
整个图形
转化
取消

图 2-31

链接 CAD 格式
查找范围(I):
3#厂房分割图纸
名称
类型
15.300标高梁平法施工图
车间二层平面图
车间三层平面图
车间一层平面图
基础平面布置图
门窗表
四层平面图
屋顶层平面图
柱子平面布置图
AutoCAD 图形
文件名(N):
文件类型(T):
仅当前视图(U)
颜色(R):
保留
图层/标高(Y):
全部
导入单位(S):
毫米
定位(P):
自动 - 原点到原点
放置于(A):
打开(O)
取消(C)
工具(L)

图 2-32

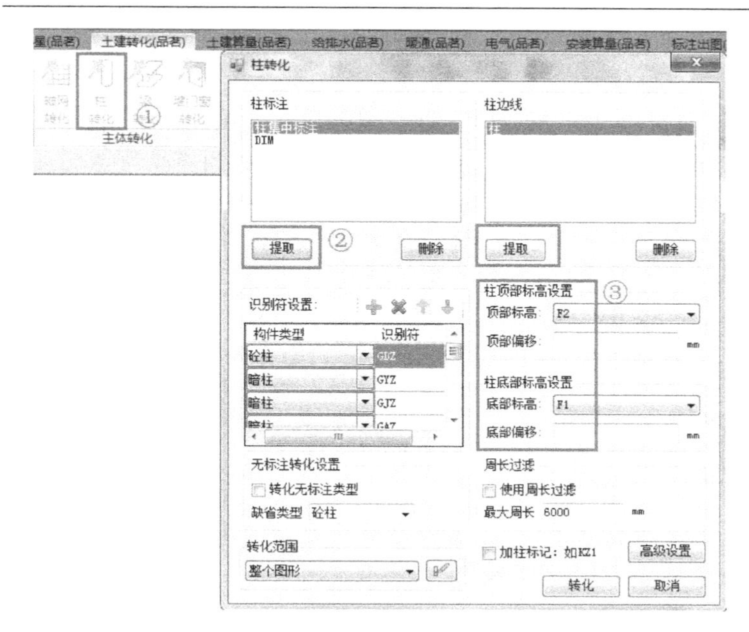

图 2-33

图纸链接、柱和基础建模

2.6.5 墙建模

HiBIM 墙建模菜单如图 2-34 所示，我们可以通过选择预置的墙类别和绘制模式，在菜单指引下快速进行墙体模型的建立，同时可以通过切换算量属性来直接查看墙体的材质相关信息。

图 2-34 墙输入菜单

墙建模（剪力墙）

2.6.6 门窗转化

门窗转化需要先链接图纸，见 2.6.2 相关操作。链接图纸后，点击菜单栏【土建转化（品茗）】下的门窗表转化，如图 2-35 所示；弹出如图 2-36 所示窗口。

主体建模(品茗)
二次结构与零星(品茗)
土建转化(品茗)
链接 CAD
楼层表 转化
门窗表 转化
独基表 转化
轴网 转化
柱 转化
梁 转化
墙门窗 转化
表格转化
主体转化

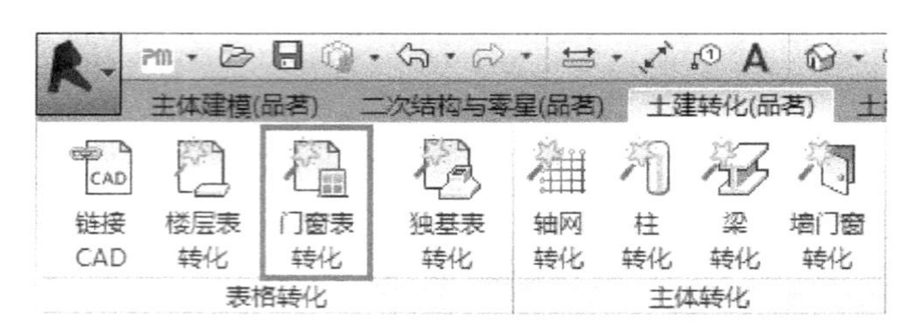

图 2-35

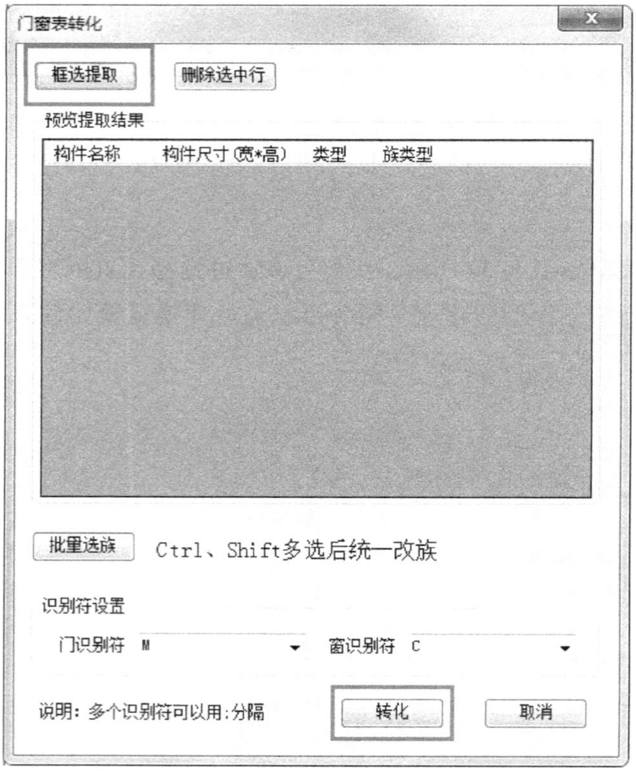

门窗表转化
框选提取
删除选中行
预览提取结果
构件名称
构件尺寸(宽*高)
类型
族类型
批量选族
Ctrl、Shift多选后统一改族
识别符设置
门识别符 M
窗识别符 C
说明：多个识别符可以用;分隔
转化
取消

图 2-36

点击【框选提取】，在图中框选门窗表信息，右键确定，跳转至如图 2-37 所示窗口，可预览提取结果；可根据图纸信息对应选择门/窗族类型。完成族类型调整后，点击转化，完成门窗表提取。

链接 CAD 图纸（车间一层平面图），点击菜单栏【土建转化（品茗）】下的【墙门窗转化】，如图 2-38 所示。

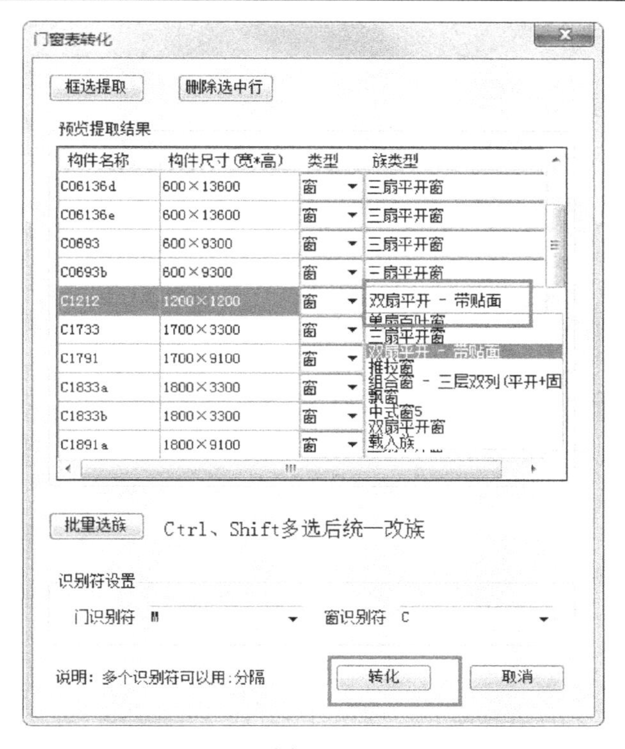

图 2-37

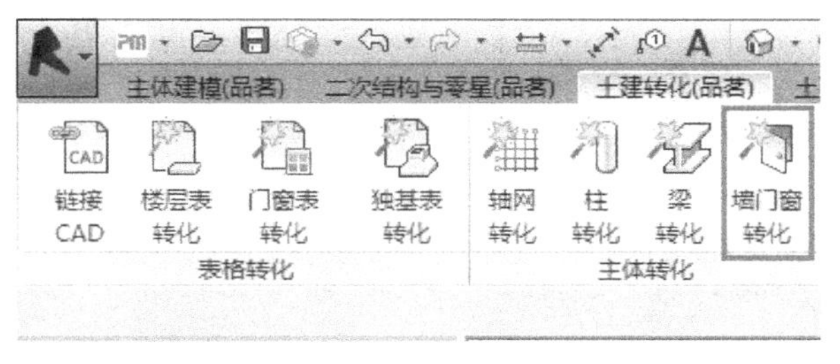

图 2-38

点击后弹出如图 2-39 所示窗口，设置墙顶部与底部标高（一层即 F1~F2）；设置墙厚（若图中墙厚过多，可全部提取）；点击【提取】，依次提取墙标注、墙边线以及门窗标注、门窗边线（若无墙标注信息，可不提取）。提取完成后，根据图纸信息，设置墙体类型。全部设置完成后，点击【转化】，完成墙门窗提取。

门窗转化（建筑墙、门、窗）

2.6.7　梁建模

以 3 号厂房工程 5.100m 标高梁为例，链接 CAD 图纸，点击菜单栏土建转化（品茗）下的【梁转化】，如图 2-40 所示，点击【提取】，依次提取梁标注层（包括集中标注、原位标注）与梁边线层。

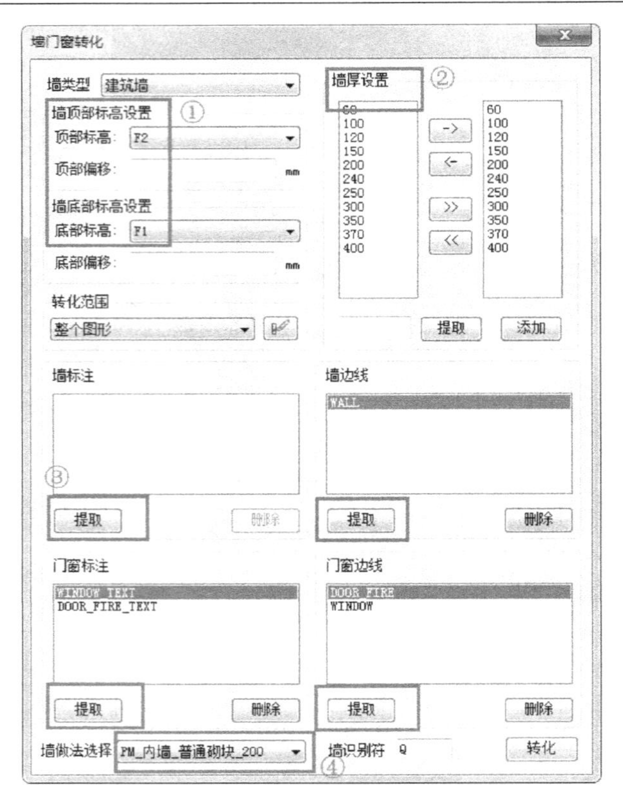

图 2-39

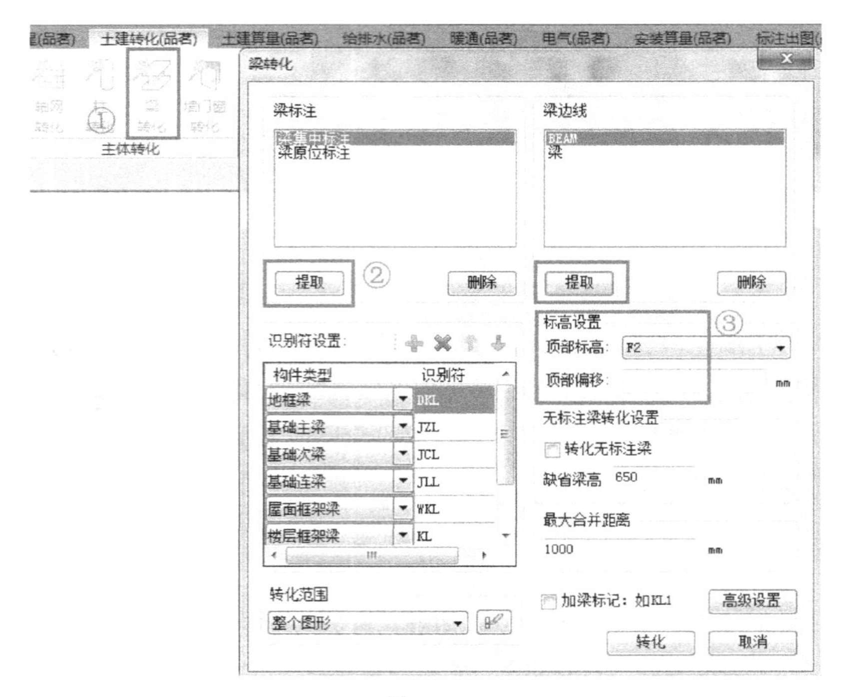

图 2-40

梁建模

2.6.8 楼板建模

以 3 号厂房工程 5.100m 标高板为例，点击菜单栏【主体建模（品茗）】下的【楼板功能】，如图 2-41 所示，选择【楼板：选择生成】。

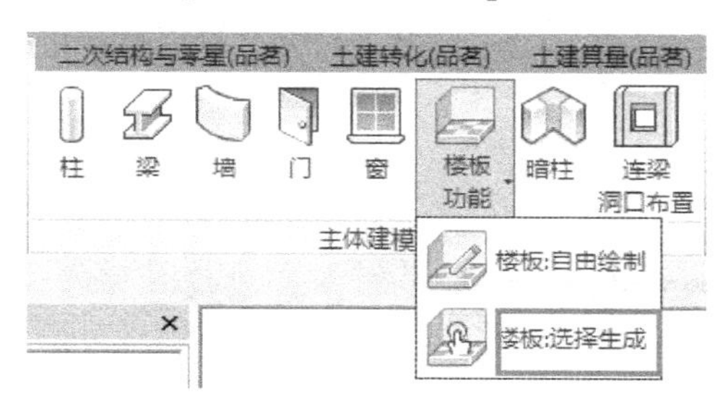

图 2-41

选择后，弹出如图 2-42 所示窗口，新增板厚 100mm 的现浇混凝土楼板；勾选【梁边界】选项（楼板的识别边界，如有剪力墙，则还需勾选结构墙选项），根据图纸信息设置板顶标高。

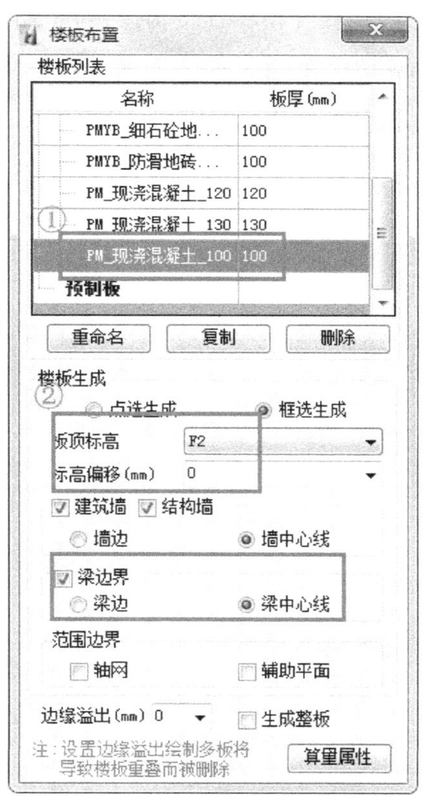

图 2-42

设置完成后，选择【点选生成】或者【框选生成】，以框选生成为例，在图中框选需要生成板的区域（注：必须为封闭区域，梁在图中必须为显示状态），如图 2-43 所示。

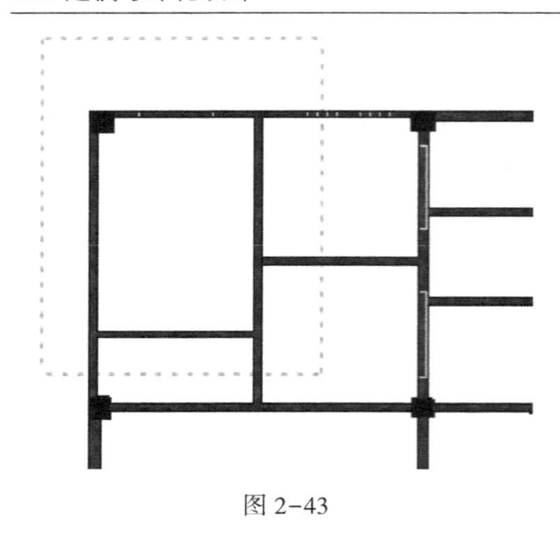

图 2-43

楼板建模

2.6.9 楼梯建模

以 3 号厂房工程 LT-301 一层为例，链接 CAD 图纸（3#车间一层平面图），点击菜单栏【建筑】下的【楼梯】，下拉选择【楼梯（按构件）】，如图 2-44 所示。

选择后，左侧属性栏自动切换成楼梯，如图 2-45 所示，调整楼梯顶部底部标高，设

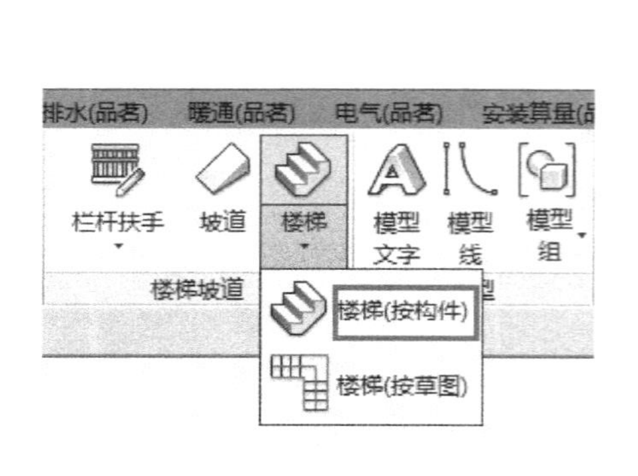

图 2-44

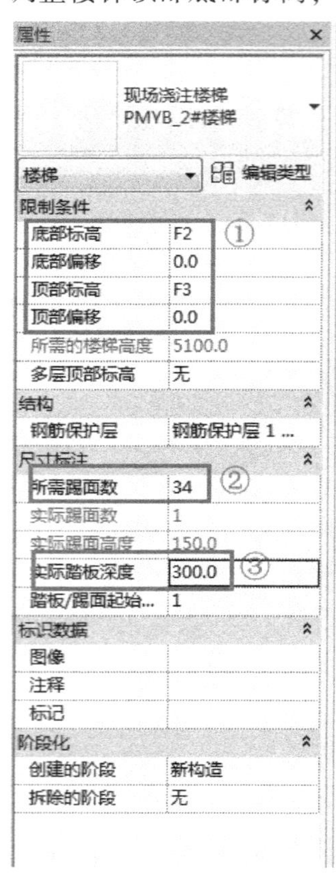

图 2-45

置所需踢面数（查看楼梯详图可知一层踢面数为34，踢面高度会自动调整），输入实际踏板深度。

设置完成后，输入梯段宽度，如图2-46所示，根据需求可调整定位线与偏移量；全部完成后在图中直接绘制，如图2-47所示。

图2-46

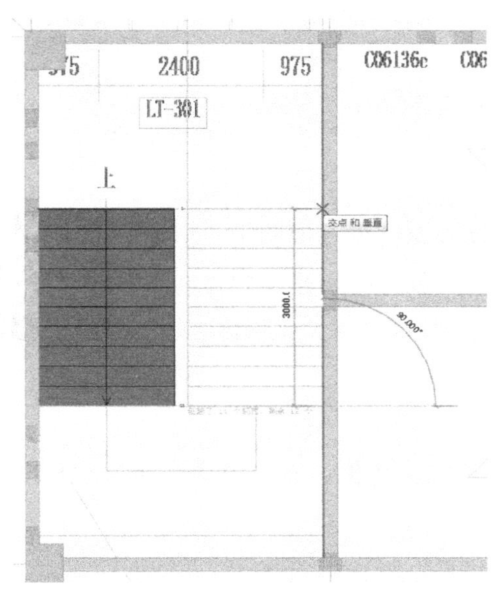

图2-47　梯段完成后平面

楼梯建模

2.6.10　二次结构建模

以3号厂房工程一层过梁为例，点击菜单栏【二次结构与零星（品茗）】下的【过梁】，如图2-48所示。

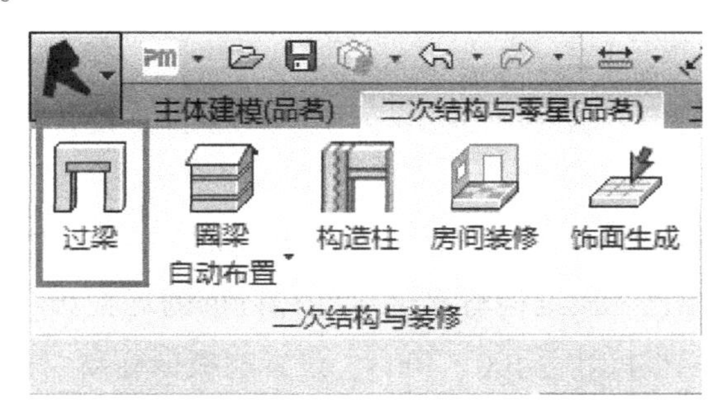

图2-48

弹出过梁参数设置窗口后（图 2-49），根据实际需求设置梁高与洞口的搁置长度，点击【自动布置】，完成门窗洞口过梁布置。

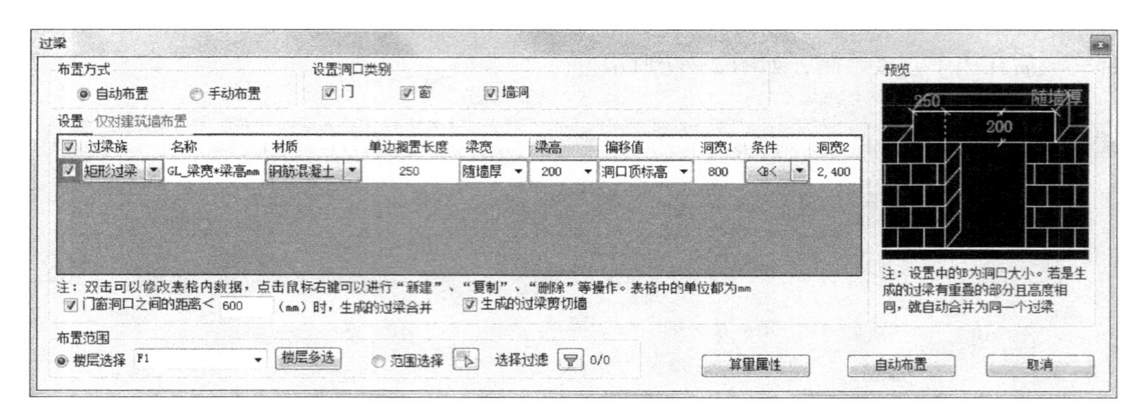

图 2-49

在图纸表达中，二次结构的做法一般都体现在结构总说明中，但不同的建模软件和插件中经常将二次结构的做法，如排砖等也专门作为一项建模内容来进行分类。HIBIM 中的二次结构建模操作方式见微课。

二次结构建模

2.6.11 零星节点建模

以 3 号厂房工程楼梯电梯屋面标高雨篷节点①为例，点击菜单栏主体建模（品茗）下的【楼板功能】，选择自由绘制，如图 2-50 所示。

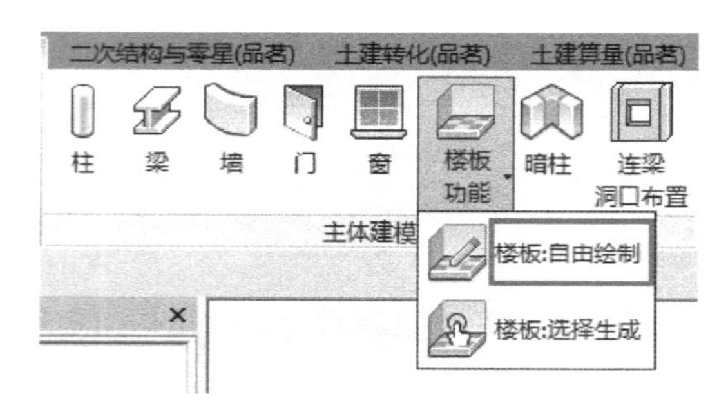

图 2-50

在左侧属性栏选择对应的板厚（该节点板厚 100mm），设置板面标高（板面标高为 18.3m），如图 2-51 所示。

设置完成后，采用矩形绘制，在图中绘制挑板，如图 2-52、图 2-53 所示。

绘制完后，点击菜单栏二次结构与零星（品茗）下的【栏板】，如图 2-54 所示，弹出栏板设置窗口，调整栏板尺寸（100 * 100），设置栏板低标高（同上板顶标高 18.3m），点击自由绘制。

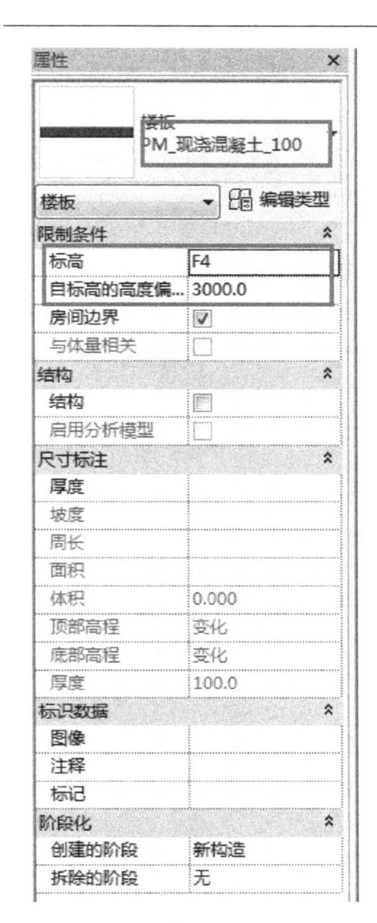

图 2-51

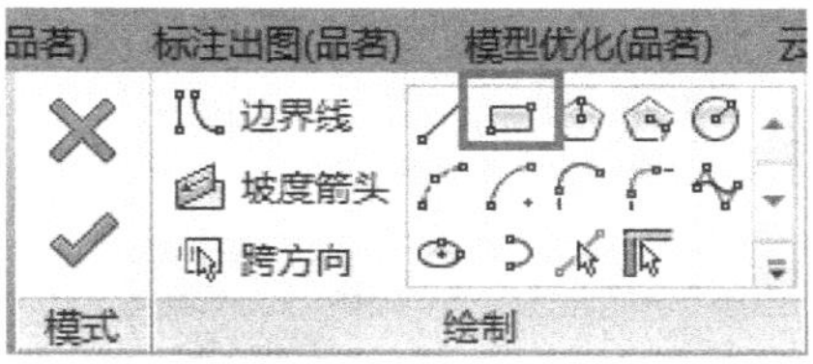

图 2-52

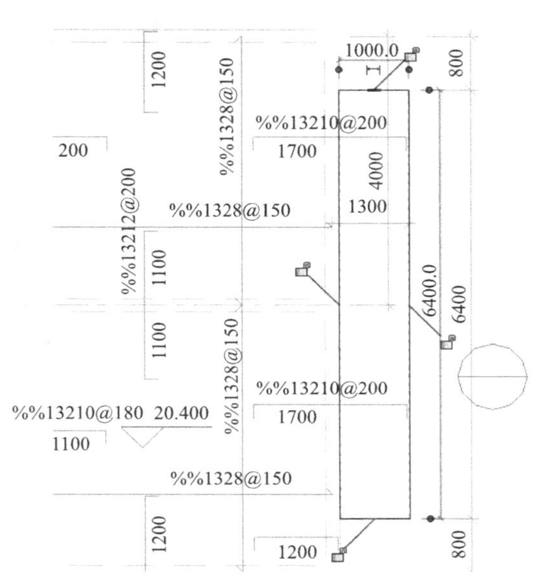

图 2-53

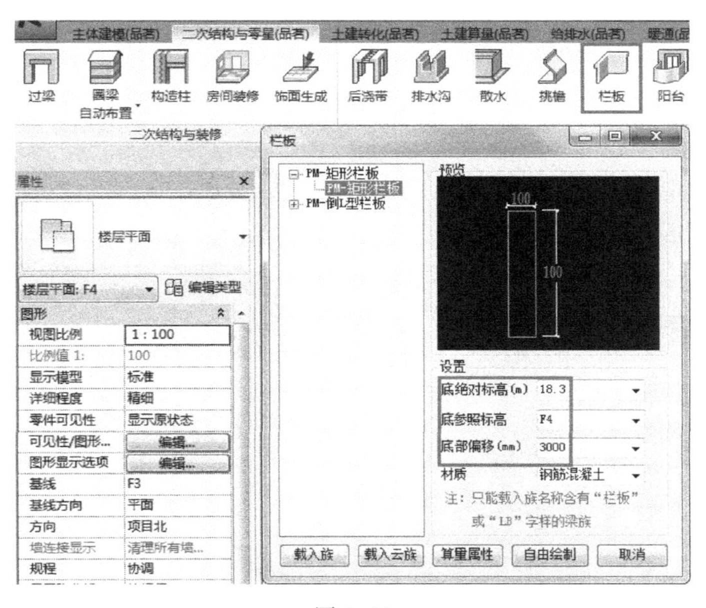

图 2-54

在图中沿楼板外边缘绘制（注：栏板绘制时路径为逆时针方向绘制）；绘制完成后，调整定位尺寸，如图 2-55 所示。

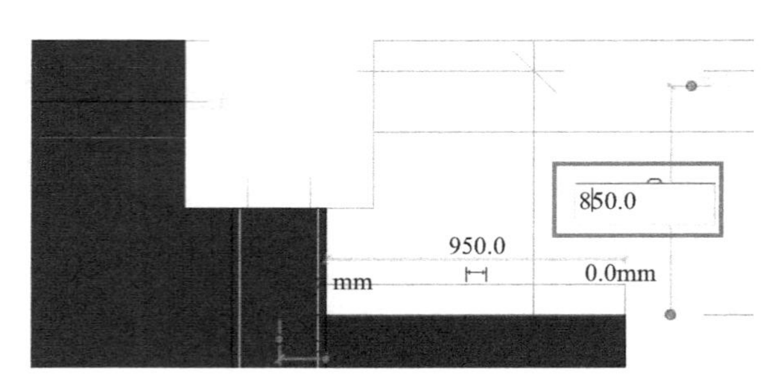

图 2-55

零星节点建模

3 BIM给水排水建模基础

3.1 建筑给水排水施工图的内容

建筑给水排水施工图主要反映了用水器具的安装位置及其管道布置情况，是给水排水工程施工的依据。一般由图纸目录、设计施工说明、平面布置图、系统图（轴侧图）、详图、标准图和设备及材料明细表等组成。

3.1.1 图纸目录

它是将全部施工图按其编号、图名序号填入图纸目录表格，其作用是核对图纸数量，便于查阅图纸。

3.1.2 设计施工说明

设计图纸中用图或符号无法表达或表达不清楚，而又必须为施工技术人员所了解的内容，可以用文字的形式来表述有关的技术内容。施工设计说明，就是采用文字的形式阐述必须交代的技术内容，主要包括：工程概况，设计依据，设计范围，如建筑类型、建筑面积、设计参数等；设计中用图形无法表达的一些设计要求，如消火栓系统水量、管道材料、防腐要求、保温材料及厚度、管道及设备的安装方式及安装要求、试压要求、清洗要求等；施工中应参考的规范、标准和图集；主要设备材料表及应特别注意的事项；绿色建筑节能设计专篇等。

3.1.3 给水排水平面图

给水排水平面图是给排水施工图的基本图示部分。以建筑平面图为基准，表示给排水管道和附件、卫生器具、给水排水设备等平面布置情况及位置关系。

建筑室内给水排水施工平面图包括以下内容：建筑物内与给水排水有关的房间名称、主要轴线号和尺寸线；卫生器具、管道附件及其他用水设备的平面布置；给水、排水、消防给水管道的管径、平面布置、立管位置及编号；底层平面图中还包括引入管、排出管、水泵接合器等设备管线与建筑物的定位尺寸、穿建筑物外墙及基础的标高等。

一般室内给水系统、排水系统不是很复杂，可将同一平面（或同一标高）给水管道和排水管道用不同的线型绘制在一张图纸上，称为给水排水平面图。当给水管道和排水管道较复杂时，需分别绘制给水平面图和排水平面图。

平面图没有高度的意义，其中管道和设备的安装高度必须借助于系统图、剖面图来确定。

3.1.4 给水排水系统图

给水排水系统图也称轴侧图，采用45°三等正面斜轴侧原理绘制，用来表示管道及设备的空间位置及各标高之间、前后左右之间的关系。

建筑室内给水排水施工系统图包括以下内容：建筑楼层标高、层数、室内外建筑平面高差；管道走向、管径、标高、坡度及各系统编号、立管编号；仪表及阀门等管道附件的种类、位置、标高；各种设备（包括水泵、水箱等）和卫生器具接管情况、设置位置及标高；排水立管上检查口、通气帽的位置及标高等。

给水系统图和排水系统图应分别绘制，图中用单线表示管道，图例表示卫生设备。通过系统图，可以对整个给水排水系统的全貌有个整体了解。

3.1.5 给水排水详图

给水排水平面图、系统图中无法表达清楚的局部构造或由于比例的原因不能表达清楚的内容，需绘制详图。给水排水详图是将图中的某一位置放大或剖切再放大而得到的图样。详图应优先套用有关给水排水标准和图集，当没有标准图时，设计人员需自行绘制。

3.1.6 标准图

标准图又称通用图，是统一施工安装技术要求、具有一定的法令性的图样，设计时不需再重复制图，只需选出标准图号即可。施工中应严格按照指定图号的图样进行施工安装，可按比例绘制，也可不按比例绘制。

3.1.7 设备及材料明细表

设备及材料明细表中列出图纸中用到的主要设备的型号、规格、数量及性能参数要求等，用于施工备料、设备采购和进行概预算编制。一般中小型工程设备及材料明细表直接写在图纸上，工程较大、内容较多时需专页编写。

3.2 建筑给水排水施工图常用图例

建筑给水排水工程施工图中，管道及附件、给水排水设备、阀门、卫生器具等，一般采用统一的图例表示。图纸应专门画出图例，并加以说明。所以，对于给水排水设计，施工人员必须了解和掌握其工程施工图中常用的图例和符号。

3.2.1 管道图例（表 3–1）

管道图例 表 3–1

序号	名称	图例	序号	名称	图例
1	生活给水管	J	15	压力污水管	YW
2	热水给水管	RJ	16	雨水管	Y
3	热水回水管	RH	17	压力雨水管	YY
4	中水给水管	ZJ	18	虹吸雨水管	HY
5	循环冷却给水管	XJ	19	膨胀管	PZ
6	循环冷却回水管	XH	20	保温管	
7	热媒给水管	RM	21	伴热管	
8	热媒回水管	RMH	22	多孔管	
9	蒸汽管	Z	23	地沟管	
10	凝结水管	N	24	防护套管	
11	废水管	F	25	管道立管	XL-1 平面　XL-1 系统
12	压力废水管	YF	26	空调凝结水管	KN
13	通气管	T	27	排水明沟	坡向
14	污水管	W	28	排水暗沟	坡向

3.2.2 管道附件图例（表 3–2）

管道附件 表 3–2

序号	名称	图例
1	管道伸缩器	
2	方形伸缩器	
3	刚性防水套管	

续表

序号	名称	图例
4	柔性防水套管	
5	波纹管	
6	可曲饶橡胶接头	单球 双球
7	管道固定支架	
8	立管检查口	
9	清扫口	平面 系统
10	通气帽	成品 蘑菇形
11	雨水斗	平面 系统
12	排水漏斗	平面 系统
13	圆形地漏	平面 系统
14	方形地漏	平面 系统
15	自动冲洗水箱	
16	挡墩	

续表

序号	名称	图例
17	减压孔板	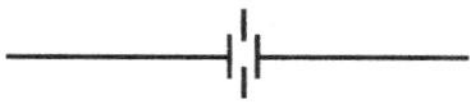
18	Y 形除污器	
19	毛发聚集器	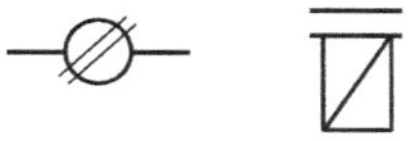 平面 系统
20	倒流防止器	
21	吸气阀	
22	真空破坏器	
23	防虫网罩	
24	金属软管	

3.2.3 管道连接图例（表 3-3）

管道连接 **表 3-3**

序号	名称	图例	备注
1	法兰连接	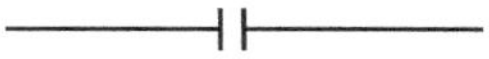	—
2	承插连接		—
3	活接头	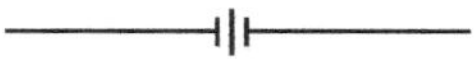	—
4	管堵		—

续表

序号	名称	图例	备注
5	法兰堵盖		—
6	盲板		—
7	弯折管	 高 低 低 高	—
8	管道丁字上接	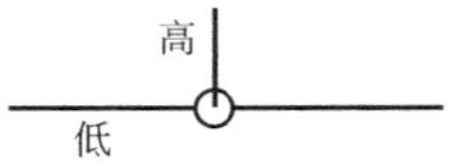 高 低	—
9	管道丁字下接	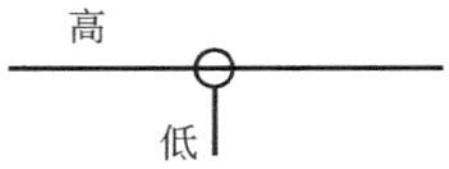 高 低	—
10	管道交叉	 低 高	在下面和后面的管道应断开

3.2.4 管件的图例（表 3-4）

管件 表 3-4

序号	名称	图例
1	偏心异径管	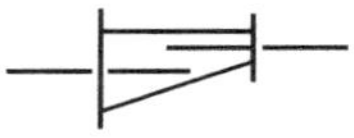
2	同心异径管	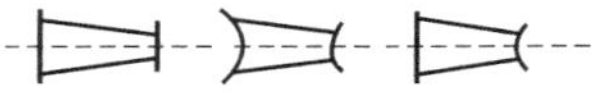
3	乙字管	
4	喇叭管	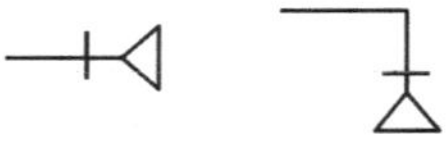
5	转动接头	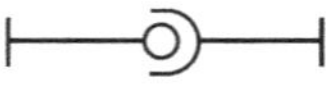
6	S 形存水弯	
7	P 形存水弯	

续表

序号	名称	图例
8	90°弯头	
9	正三通	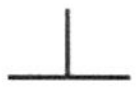
10	TY 三通	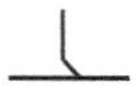
11	斜三通	
12	正四通	
13	斜四通	
14	浴盆排水管	

3.2.5 阀门的图例（表 3-5）

阀门 **表 3-5**

序号	名称	图例	备注
1	闸阀		—
2	角阀		—
3	三通阀	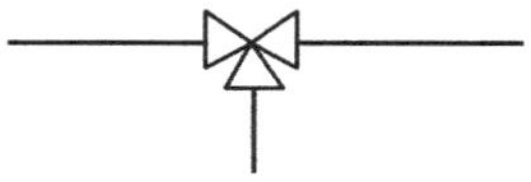	—
4	四通阀	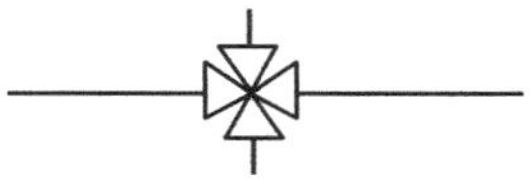	—
5	截止阀		—

续表

序号	名称	图例	备注
6	蝶阀	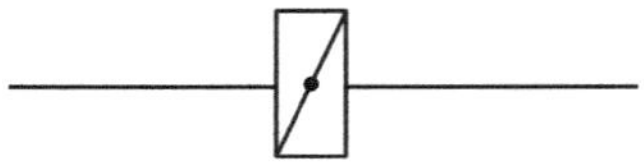	—
7	电动闸阀		—
8	液动闸阀	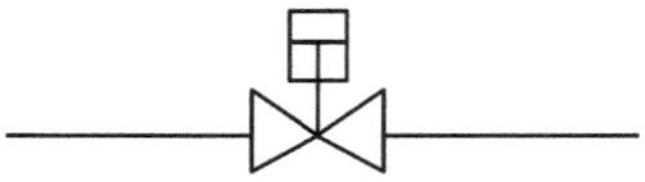	—
9	气动闸阀		—
10	电动蝶阀	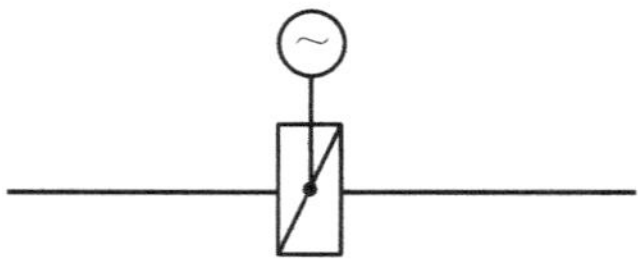	—
11	液动蝶阀	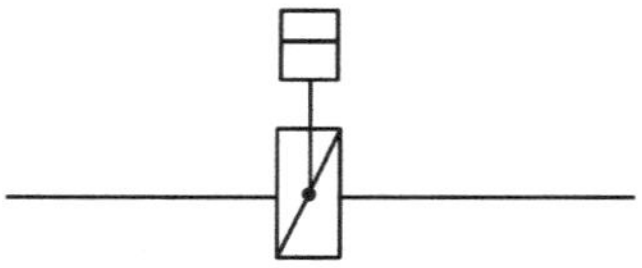	—
12	气动蝶阀	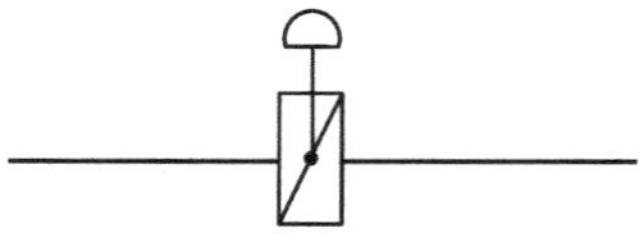	—
13	减压阀	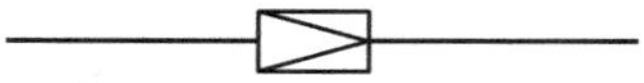	左侧为高压端
14	旋塞阀	 平面 系统	—
15	底阀	 平面 系统	—
16	球阀		—
17	隔膜阀	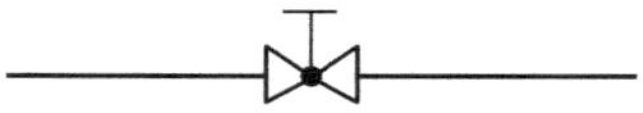	—
18	气开隔膜阀	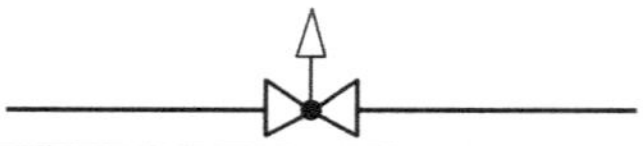	—

续表

序号	名称	图例	备注
19	气闭隔膜阀		—
20	电动隔膜阀		—
21	温度调节阀		—
22	压力调节阀		—
23	电磁阀	M	—
24	止回阀		—
25	消声止回阀		—
26	持压阀	C	—
27	泄压阀		—
28	弹簧安全阀		左侧为通用
29	平衡锤安全阀		—
30	自动排气阀	平面 系统	—

续表

序号	名称	图例	备注
31	浮球阀	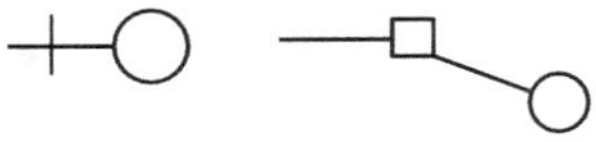	—
32	水力液位控制阀	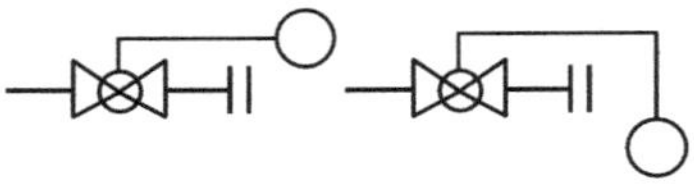	—
33	延时自闭冲洗阀		—
34	感应式冲洗阀	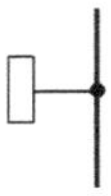	—
35	吸水喇叭口		—
36	疏水器		—

3.2.6 给水配件的图例（表 3-6）

给水配件 **表 3-6**

序号	名称	图例
1	水嘴	平面 系统
2	皮带水嘴	平面 系统
3	洒水(栓)水嘴	
4	化验水嘴	
5	肘式水嘴	
6	脚踏开关水嘴	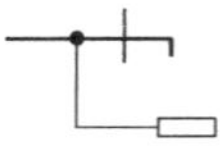

续表

序号	名称	图例
7	混合水嘴	
8	旋转水嘴	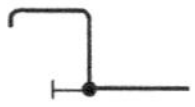
9	浴盆带喷头 混合水嘴	
10	蹲便器脚踏开关	

3.2.7 消防设施的图例（表3-7）

消防设施 **表3-7**

序号	名称	图例
1	消火栓给水管	—— XH ——
2	自动喷水灭火给水管	—— ZP ——
3	雨淋灭火给水管	—— YL ——
4	水幕灭火给水管	—— SM ——
5	水炮灭火给水管	—— SP ——
6	室外消火栓	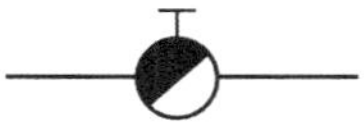
7	室内消火栓（单口）	平面 系统
8	室内消火栓（双口）	 平面 系统
9	水泵接合器	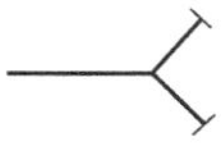
10	自动喷洒头（开式）	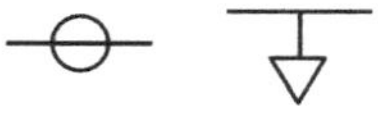 平面 系统
11	自动喷洒头（闭式）	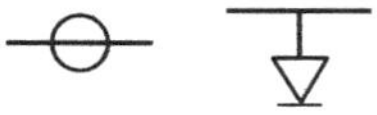 下喷 平面 系统

续表

序号	名称	图例
12	自动喷洒头(闭式)	上喷 平面　系统
13	自动喷洒头(闭式)	上下喷 平面　系统
14	侧墙式自动喷洒头	平面　系统
15	水喷雾喷头	平面　系统
16	直立式水幕喷头	平面　系统
17	下垂型水幕喷头	平面　系统
18	干式报警阀	平面　系统
19	湿式报警阀	平面　系统
20	预作用报警阀	平面　系统
21	雨淋阀	平面　系统
22	信号闸阀	
23	信号蝶阀	

续表

序号	名称	图例
24	消防炮	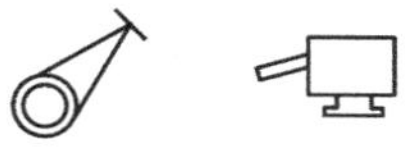 平面 系统
25	水流指示器	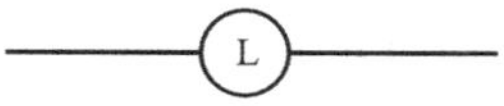 L
26	水力警铃	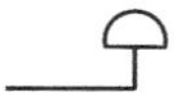
27	末端试水装置	 平面 系统
28	手提式灭火器	
29	推车式灭火器	

3.2.8 卫生设备及水池的图例（表 3-8）

卫生设备及水池 **表 3-8**

序号	名称	图例
1	立式洗脸盆	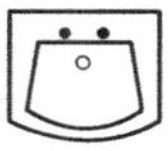
2	台式洗脸盆	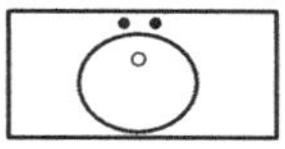
3	挂式洗脸盆	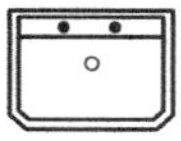
4	浴盆	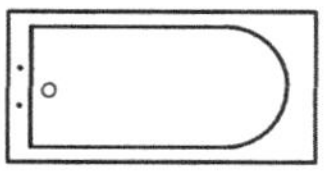
5	化验盆、洗涤盆	

续表

序号	名称	图例
6	厨房洗涤盆	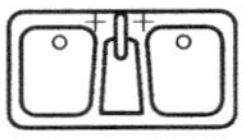
7	带沥水板洗涤盆	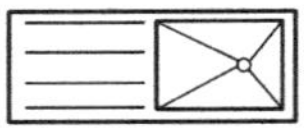
8	盥洗槽	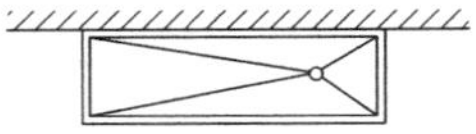
9	污水池	
10	立式小便器	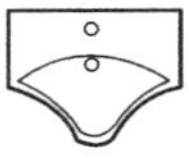
11	壁挂式小便器	
12	蹲式大便器	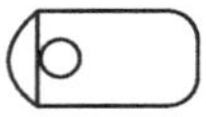
13	坐式大便器	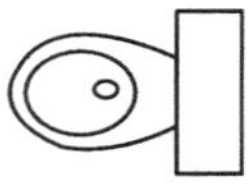
14	小便槽	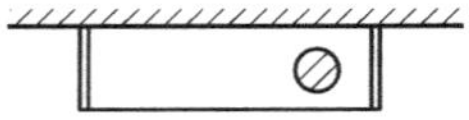
15	淋浴喷头	

3.3 建筑给水排水施工图识读要点与 BIM 建模

3.3.1 建筑给水排水施工图识读方法

识读室内给水施工图时，首先对照图纸目录，核对整套图纸是否完整，各张图纸的图名是否与图纸目录所列的图名相吻合，在确认无误后再正式识图。

识图时必须分清系统，各系统不能混读，将平面图与系统图对照起来看，以便相互补充和说明。建立全面、完整、细致的工程形象，以便全面地掌握设计意图。对某些卫生器具或用水设备的安装尺寸、要求、接管方式等不了解时，还必须辅以相应的安装详图。

给水系统按进水流向先找系统的入口，按引入管、干管、支管到用水设备或卫生器具的进水接口的顺序，将平面图和系统图一一对应识读。弄清管道的走向、分支位置，各管段的管径、标高，管道上的阀门、水表、设备及配水龙头的位置和类型等。

排水系统按排水流向，从用水设备或卫生器具的排水口开始，沿排水支管、排水干管、排水立管到排出管的顺序识读。弄清管路的走向，管道汇合的位置，各管段的管径、坡度、坡向，检查口、清扫口、地漏的位置，通风帽的形式等。

1. 平面图的识读

（1）首先应阅读设计说明，熟悉图例、符号，明确整个工程给水排水概况、管道材质、连接方式、安装要求等。

（2）其次给水平面图应按供水方向分系统并分层识读。

识图内容包括：对照图例、编号、设备材料表，明确供水设备的类型、规格数量，明确其在各层安装的平面定位尺寸，同时查清选用标准图号；明确引入管的入口位置，与入口设备水池、水泵的平面连接位置；明确干管在各层的走向、管道敷设方式、管道的安装坡度、管道的支承与固定方式；明确给水立管的位置、立管的类型及编号情况，各立管与干管的平面连接关系；明确横支管与用水设备的平面连接关系，明确敷设方式。

（3）排水平面图识读方法同给水平面图，识读时应明确排水设备的平面定位尺寸，明确排出管、立管、横管、器具支管、通气管、地面清扫口的平面定位尺寸，各管道、排水设备的平面连接关系。

2. 系统图的识读

（1）给水系统图的识读从入口处的引入管开始，沿干管、最远立管、最远横支管和用水设备识读，再按立管编号顺序识读各分支系统。

识图内容包括：引入管的标高，引入管与入口设备的连接高度；干管的走向、安装标高、坡度、管道标高变化；各根立管上连接横支管的安装标高、支管与用水设备的连接高度；明确阀门、调压装置、报警装置、压力表、水表等的类型、规格及安装标高等。

（2）排水系统图识读时从用水设备或卫生器具的排水口开始，应明确管道与排水设备的连接方法，干管及横管的安装坡度与标高；排水立管上检查口的位置；通气管伸出屋面的高度及通气管口的封闭要求；各类排水管道的管径等。

3. 详图的识读

平面图和系统图表示了卫生器具及管道的布置情况，详图可以反映卫生器具和管道的连接方式，以及管道复杂交叉处的避让方式。识读时可参照以上有关平面图、系统图识读方法进行，但应注意将详图内容与平面图及系统图中的相关内容相互对照，建立系统整体概念。

3.3.2 施工图识读举例

1. 工程概况

本工程为中药材深加工车间，属多层丙类厂房。

图中所注尺寸除管长、标高以米计外，其余以毫米计。给水管等压力管道标高为管中心标高，污水、废水、雨水等重力流管道标高为管底标高。

生活给水系统：市政给水管网供水压力为 0.35MPa 左右。生活给水主（立）管采用衬塑钢管，连接方式采用热熔连接，压力等级为 1.0MPa；给水支管采用 PP-R 管及相应专用配件热熔连接，压力等级为 1.0MPa。管道公称直径 *DN*>50mm 时，采用蝶阀或闸阀；*DN*≤50mm 时，采用截止阀。给水立管穿楼板时，应设套管。安装在楼板内的套管，其顶部应高出装饰地面 20mm；安装在卫生间及厨房内的套管，其顶部高出装饰地面 50mm，底部应与楼板底面相平；套管与管道之间缝隙应用阻燃密实材料和防水油膏填实，端面光滑。

生活污水系统：本工程雨污水采用分流制，污废采用合流制。多层排水立管及排出管采用 UPVC 塑料排水管，胶粘剂粘接接口。排水管穿楼板应预留孔洞，管道安装完后将孔洞严密捣实，立管周围应设高出楼板面设计标高 10~20mm 的阻水圈。排水立管检查口距地面或楼板面 1.00m。

2. 平面图识读（图 3-1）

本建筑主要用水房间有洗手间和卫生间。一层有一个洗手间和一个卫生间，二层东侧有一个卫生间。从一层平面可以看出，给水引入管共 3 根，排水出户管共 6 根，其中一层卫生间外墙处有 1 号给水引入管和 1~4 号污水出户管，洗手间外墙处有 2 号、3 号给水引入管和 5 号、6 号污水出户管。在一层卫生间内有 JL-1、JL-2 两根给水立管和 WL-1、WL-2 两根排水立管，在二层卫生间平面图中同样位置可以看到这 4 根立管。

3. 系统图识读

给水系统以 1 号给水系统为例。1 号给水系统采用下行上给式布置，给水引入管管径为 *DN*50，管道埋深为-0.800m，入户后先接出 JL-2 立管，水平横干管管径变为 *DN*40 向北接至立管 JL-1。JL-1 立管水平方向分为一层、二层两个环路，JL-2 立管接至二层环路。各环路水平干管、支管的管径、标高图上均已标出。

排水系统以 1 号污水系统为例。本工程排水系统采用污废合流制，WL-1 排水立管承担二层男卫污废水。排水横支管由远及近分为三个水平支路，最远端支路管径为 *DN*100，连接 3 个蹲便器，中间支路为管径为 *DN*75，连接 3 个小便器，最近支路管径为 *DN*75，连接 2 个洗脸盆和 1 个污水盆。三个水平支路和两个地漏接入 *DN*100 的排水横干管。水平

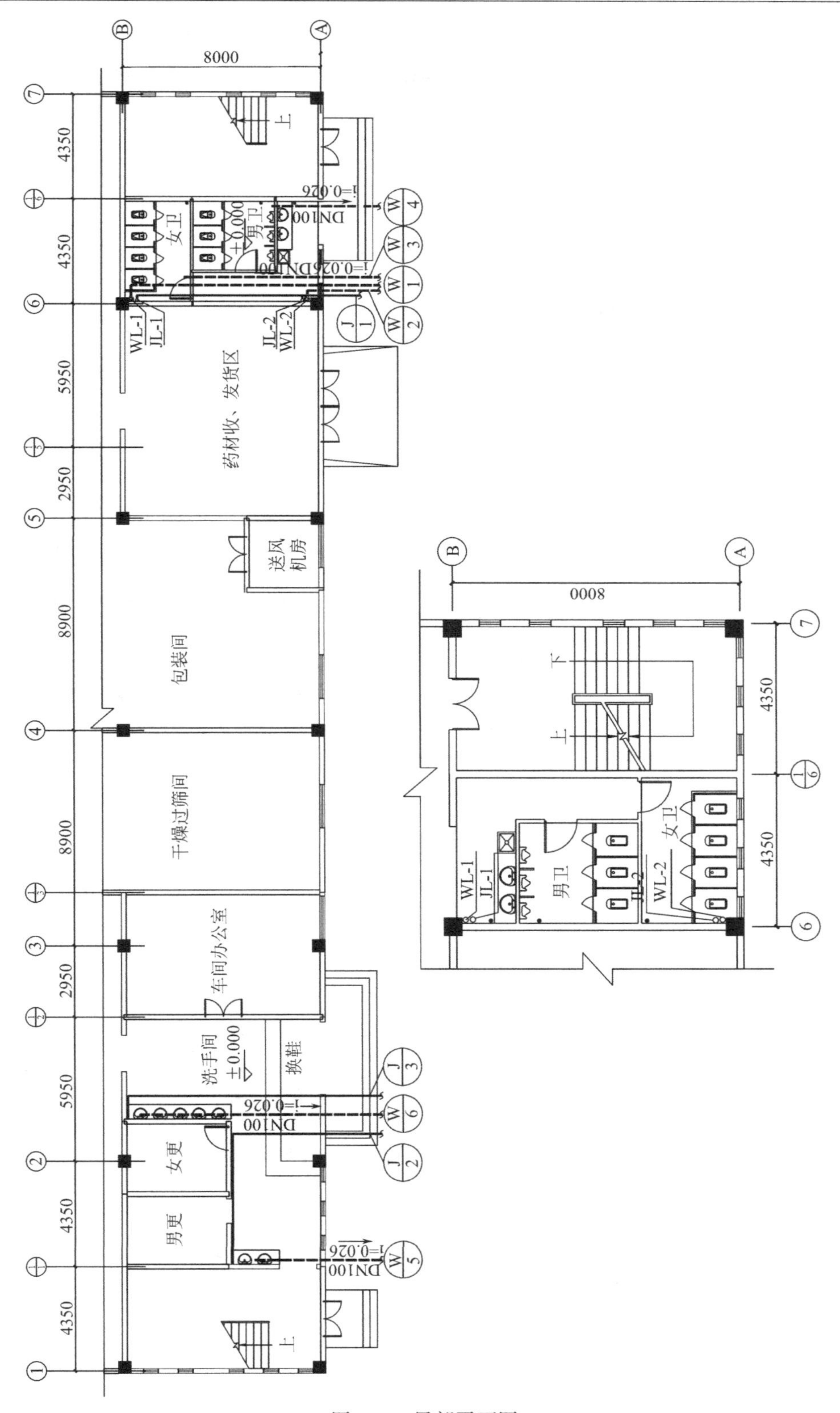

图 3-1 局部平面图

横干管接入 WL-1 排水立管，立管顶部设置伸顶通气帽，高出屋面 2. 200m，在一层、二层距本层地面 1. 00m 处设置检查口，在埋深-0. 800m 处接入 *DN*00 的排水出户管。

4. 详图识读（图 3-2～图 3-8）

以一层卫生间详图为例。其中男卫卫生器具有 3 个小便器和 3 个蹲式大便器，女卫卫

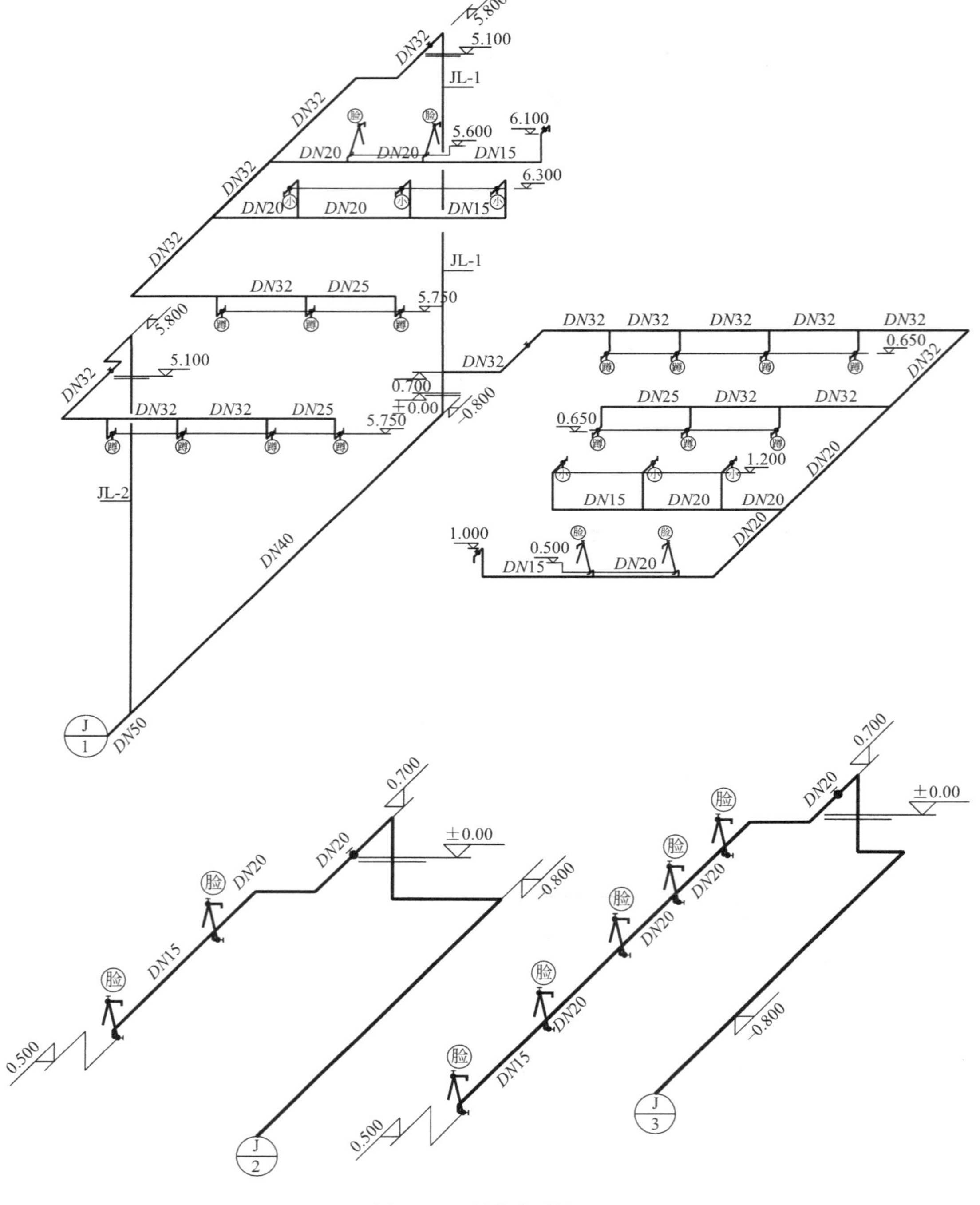

图 3-2　1 号给水系统图

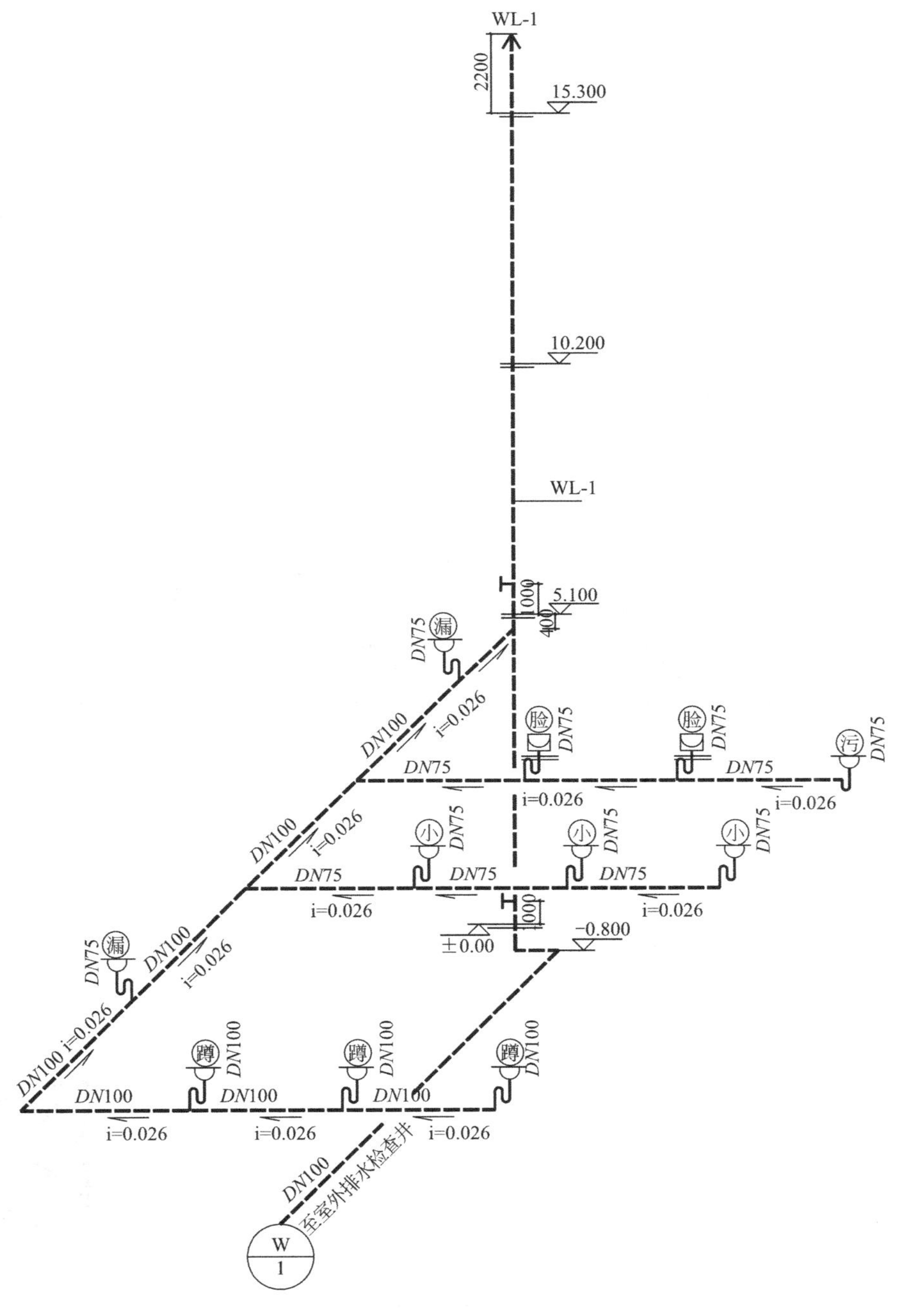

图 3-3　1 号污水系统图 a

生器具有 4 个蹲式大便器，还有 2 个洗脸盆和 1 个污水池。女卫、男卫和洗脸盆处分别设置 1 个地漏。排水管起端设置 1 个清扫口。卫生间给水管从 JL-1 给水立管接出，供给各个卫生器具用水。女卫 4 个蹲式大便器和 1 个清扫口、1 个地漏的排水接入排水干管直接排至室外检查井；男卫的 3 个小便器、3 个蹲式大便器、1 个地漏和盥洗区 2 个洗脸盆、1 个污水池、1 个地漏排水接入排水干管直接排至室外检查井。

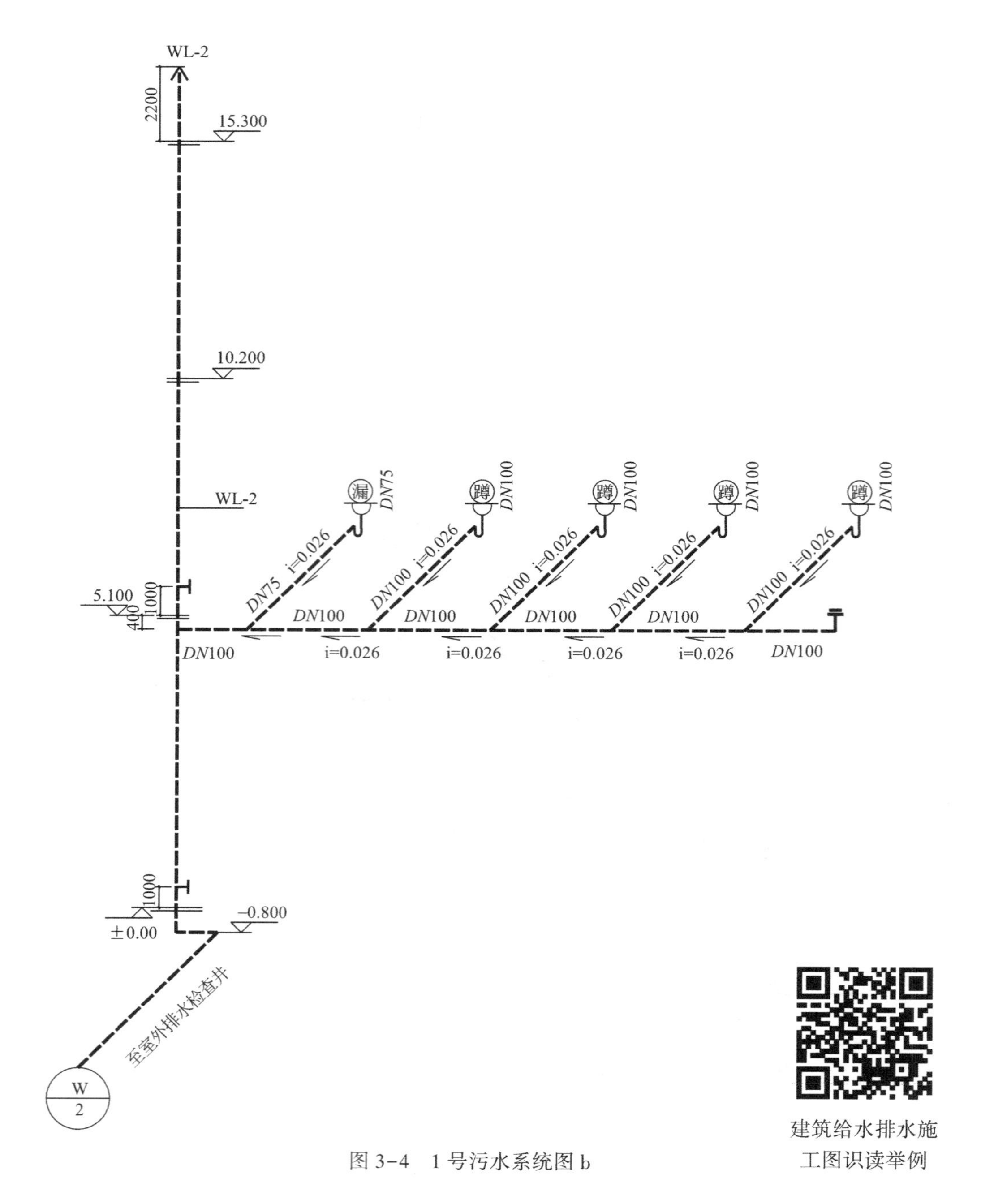

图 3-4　1 号污水系统图 b

5. HIBIM 建模–给排水系统

（1）给水排水管道

以 3 号厂房工程一层卫生间给排水系统为例，链接 CAD 图纸（一层给水排水平面图)，以排水系统为例，点击菜单栏【给水排水（品茗）】下的【提取管道（给排水）】，如图 3-9 所示，弹出提取管道窗口，根据给水排水系统原理图与卫生间给水排水

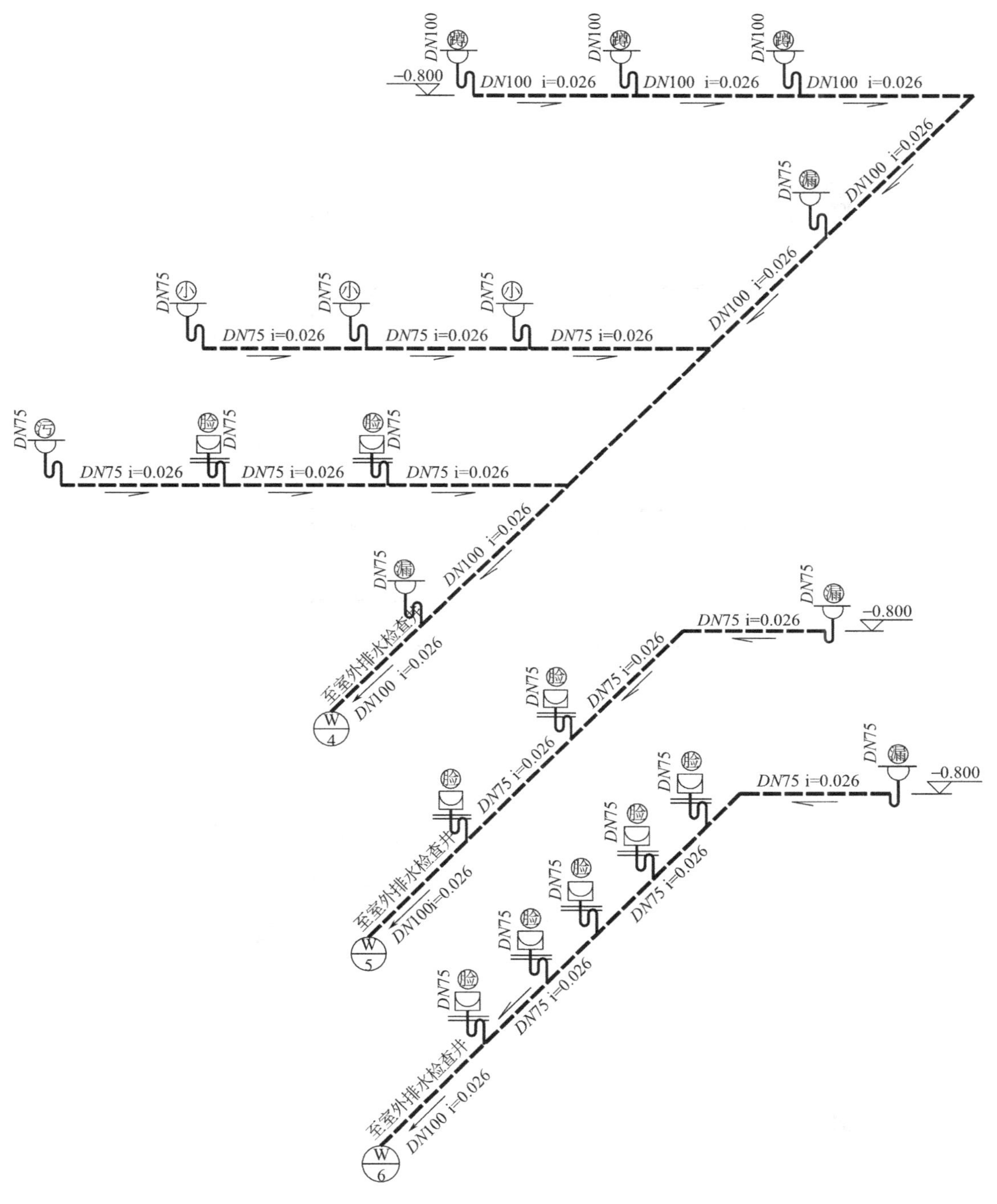

图 3-5　1 号污水系统图 c

轴侧图，设置给水管道的管径（最大公称直径 100mm）、标高（−0.8m）；设置完成后，点击【提取】，依次提取管道标注层、边线层及立管边线（立管可选择手动绘制）。

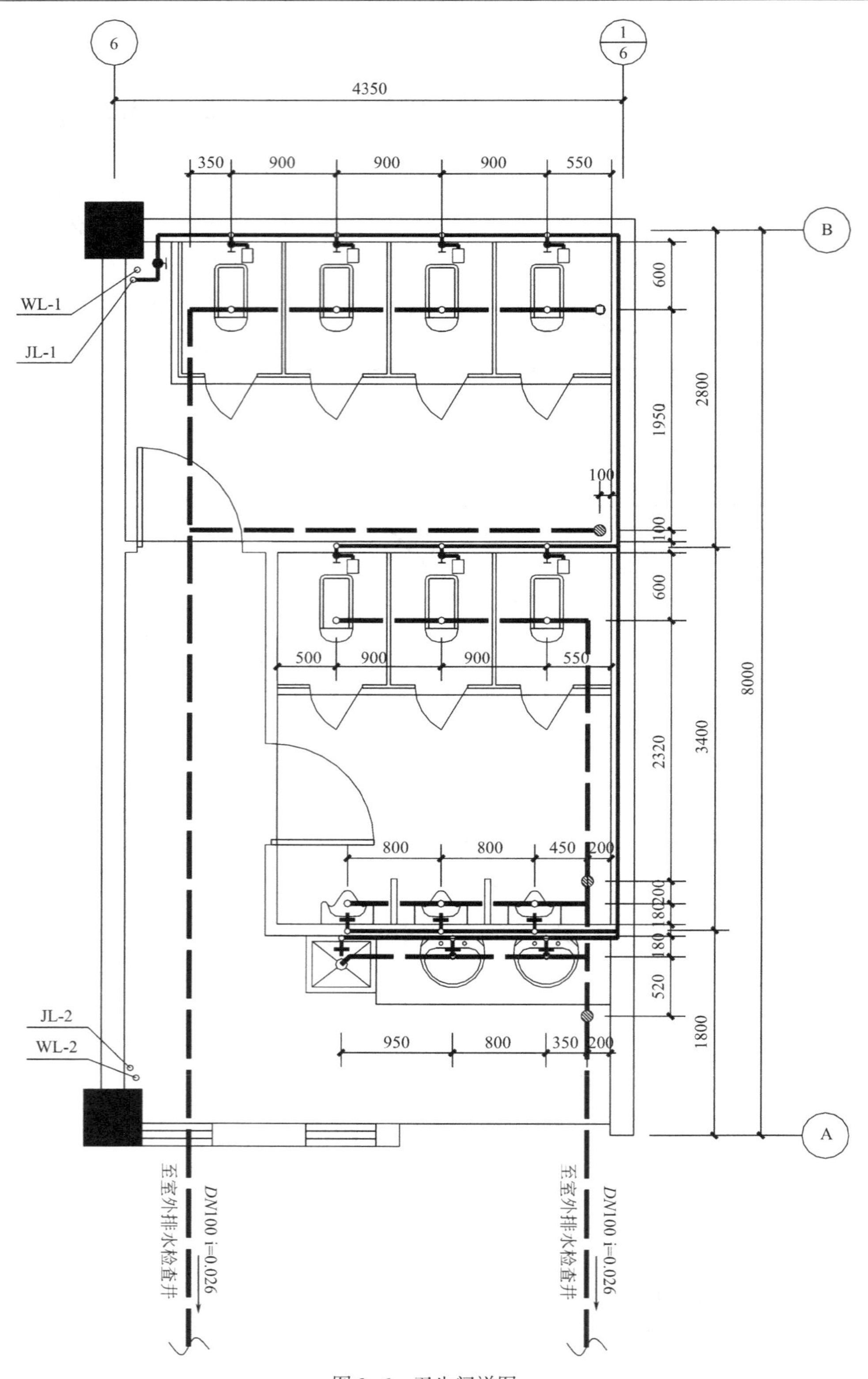
6
1
6
4350
350
900
900
900
550
B
600
2800
1950
WL-1
JL-1
100
100
600
500
900
900
550
8000
3400
2320
800
800
450
200
200
180
180
180
520
1800
950
800
350
200
JL-2
WL-2
A
至室外排水检查井
DN100 i=0.026
至室外排水检查井
DN100 i=0.026

图 3-6　卫生间详图 a

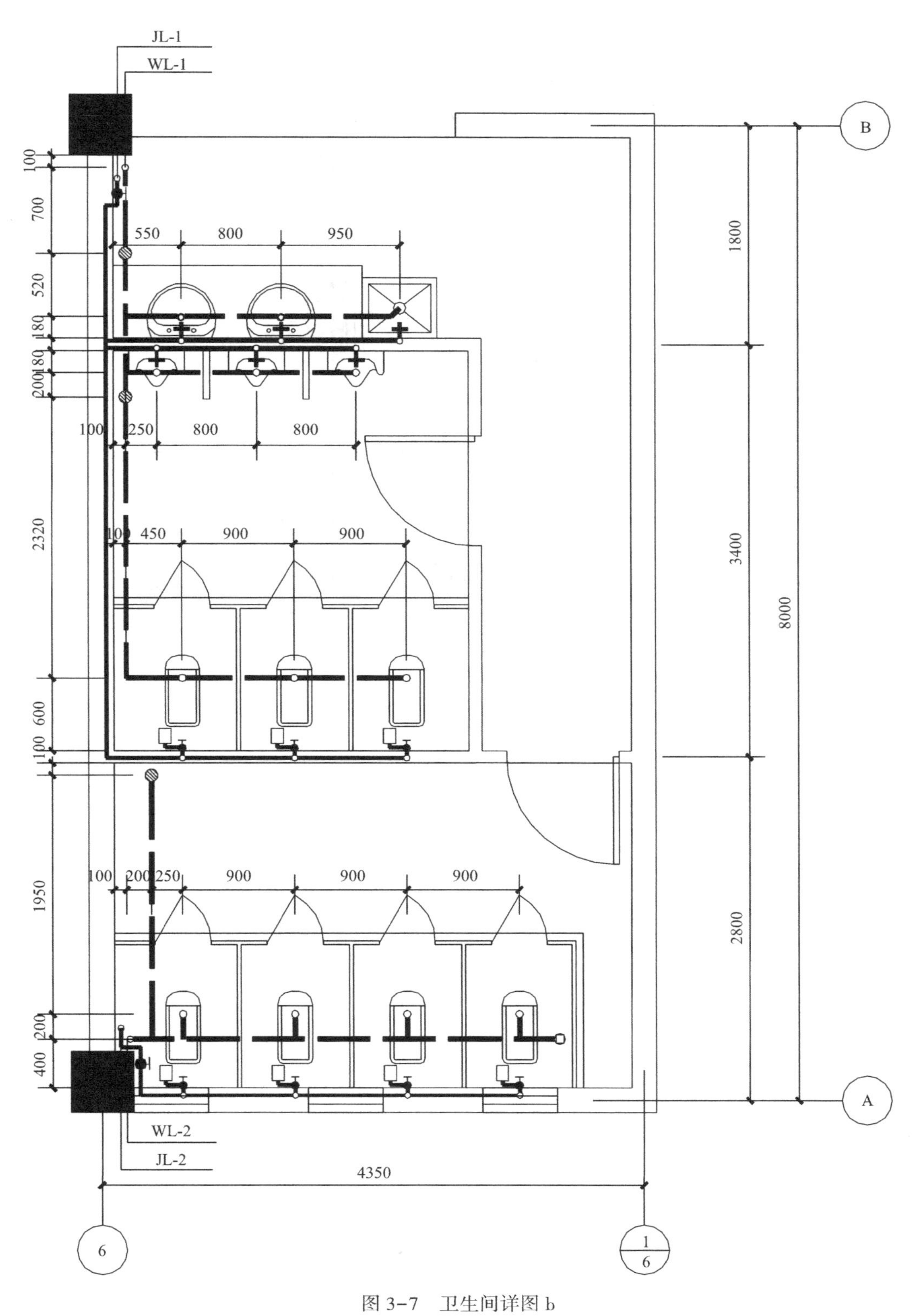
JL-1
WL-1
B
100
700
550
800
950
520
180
180
200
1800
100
250
800
800
2320
100
450
900
900
3400
8000
600
100
1950
100
200
250
900
900
900
2800
200
400
A
WL-2
JL-2
4350
6
1
6

图3-7 卫生间详图b

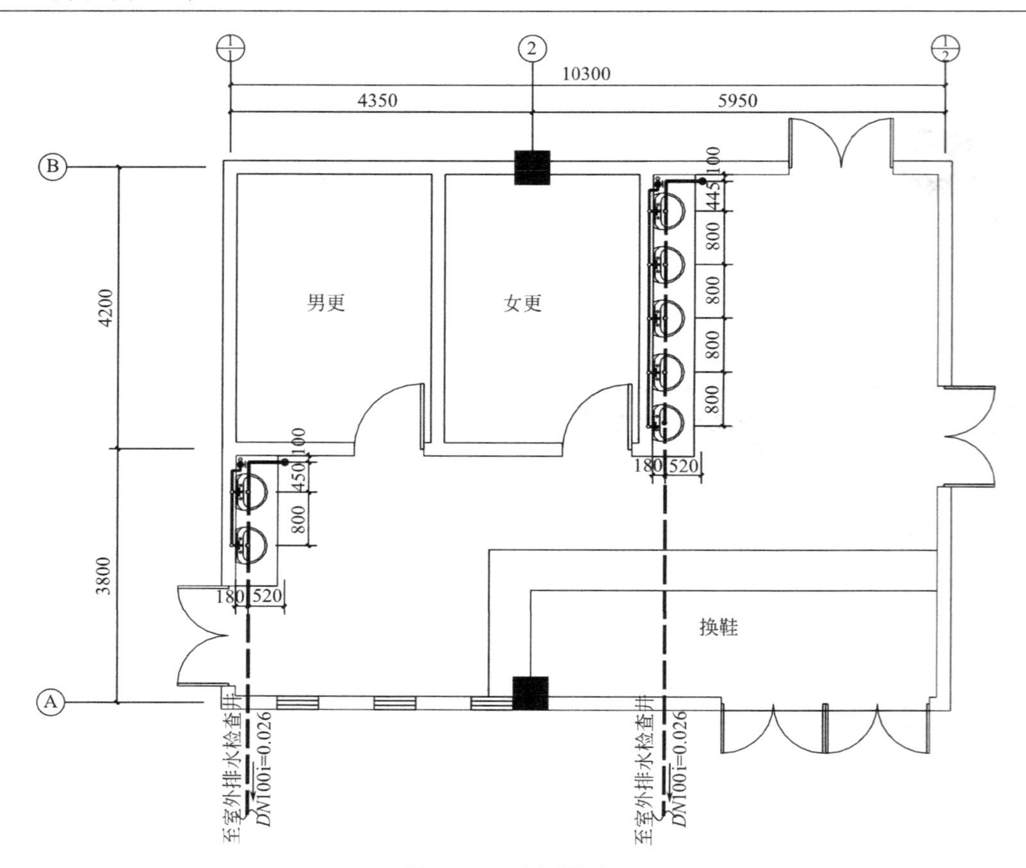

图 3-8　卫生间详图 c

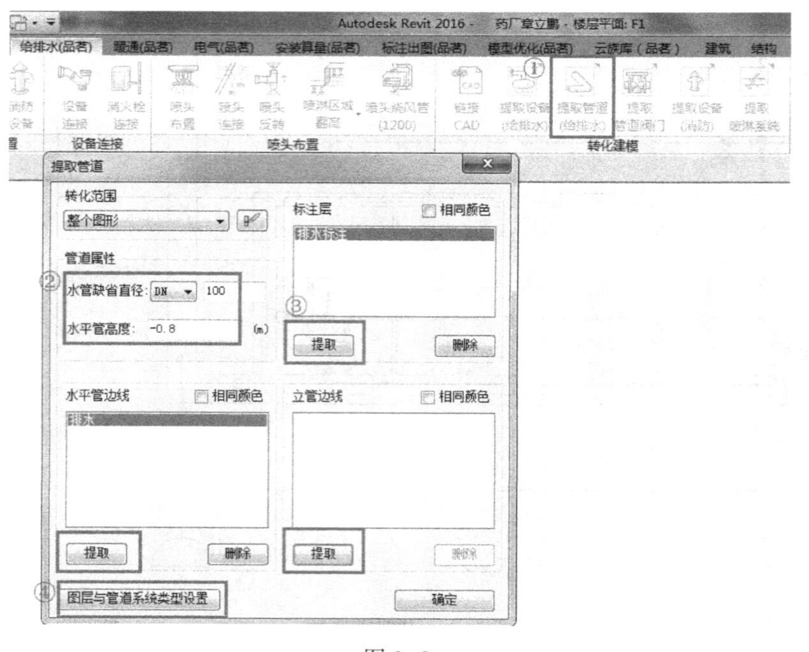

图 3-9

提取完成后，点击【图层与管道系统类型设置】，弹出如图3-10所示窗口，设置对应管道类型与系统，点击【确定】，完成管道提取。

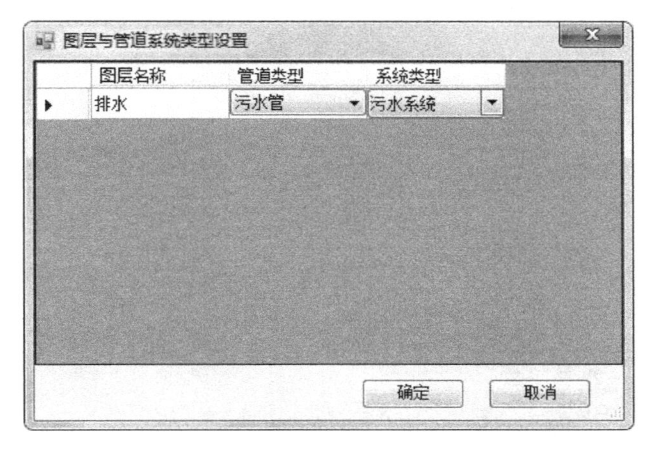

图3-10

（2）给水排水附件阀门

以本工程给水系统截止阀为例，点击菜单栏【给排水（品茗）】下的【排水附件】，如图3-11所示，弹出排水附件窗口，选择所需附件种类（在此选择阀门附件），双击所需种类阀门，在对应管道中心线上左键布置（注：可直接连接到管道，无须输入安装高度）。

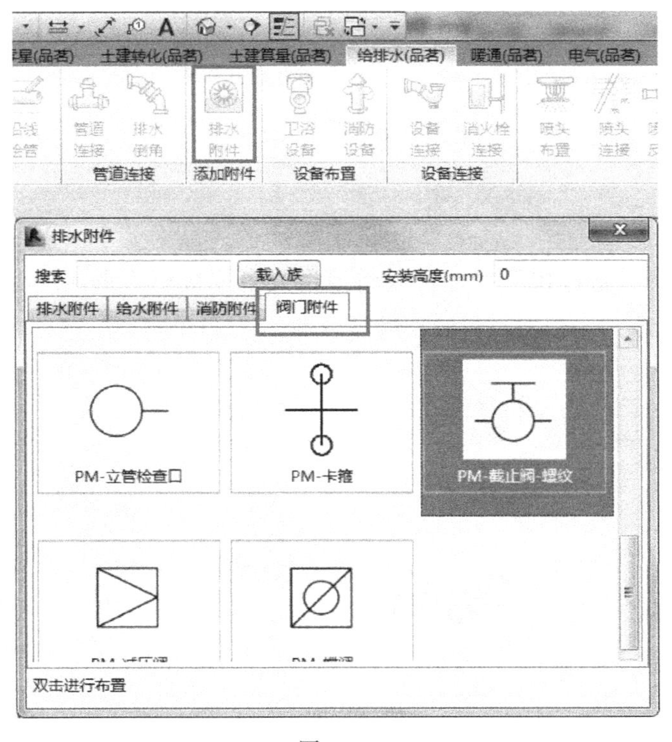

图3-11

（3）给排水设备

以本工程一层卫生间洗手台为例，点击菜单栏【给排水（品茗）】下的【卫浴设备】，如图 3-12 所示，弹出卫浴设备窗口，选择所需族类型（在此可选择盥洗槽），调整设备安装高度，点击【布置】，在图中对应位置点击完成布置。

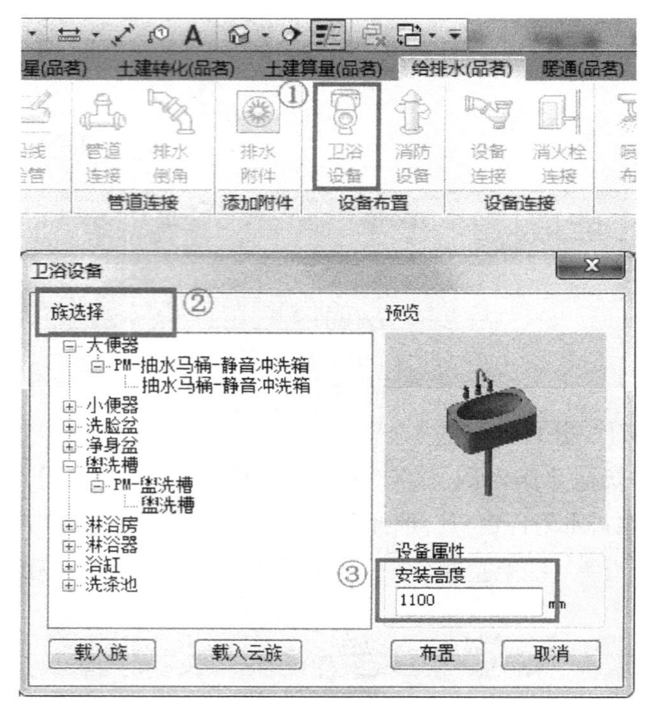

图 3-12

（4）设备连接

以卫生间给水系统为例，点击菜单栏【给排水（品茗）】下的【设备连接】，如图 3-13 所示，选择设备连接形式（此处将卫浴设备连接至给水系统，则选择“无”），在平面（或三维视图）中框选对应的管道与设备，右键确定连接。

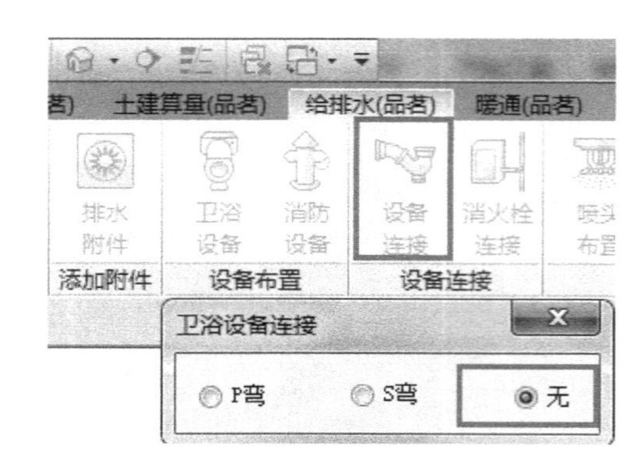

图 3-13

HIBIM 建模-给水排水系统（管道、阀门附件、给水排水设备、设备连接）

4 BIM暖通空调建模基础

4.1 建筑暖通空调施工图的内容

建筑暖通空调主要分为采暖、通风、空气调节三个方面。并不是所有建筑都涉及这三个方面内容，建筑暖通空调施工图可根据建筑地理位置和建筑性质，包括其中一个或几个方面内容。施工图一般由图纸目录、设计施工说明、平面图、系统图、剖面图、详图和设备材料表等组成。

4.1.1 图纸目录

对各图纸依次编号，并注明图纸名称。从目录上可得知施工图的张数及每张的名称，有时还包括引用的通用图纸的名称。

4.1.2 设计施工说明

设计施工说明主要阐述本工程项目的工程概况、施工图设计依据、设计范围和设计参数；供暖建筑物的采暖面积、热源的种类、热媒参数、系统总热负荷、散热器的安装方式及系统形式、管道敷设方式、防腐和保温要求；空调冷热源情况、系统形式、空调通风风管材料、保温和安装要求等。

4.1.3 平面图

采暖、通风及空调平面图是施工的主要依据。平面图主要包括：采暖及空调设备、机房平面布置图、水管及风管平面布置图、冷热源设备与管道平面布置图、防排烟系统平面图等。

采暖系统平面图需注明采暖主要设备的平面位置；干管、立管、支管的位置和立管编号；散热器位置和片数；热力入口位置及形式等。

通风、空调系统平面图需用注明通风、空调设备的外形尺寸、定位尺寸和设备基础尺寸；注明各设备、部件的名称和技术参数；需绘制风口、阀门、双线绘制风管、单线绘制水管，并标注风管、风口尺寸及水管管径等。

4.1.4 系统图

系统图是暖通施工图的重要组成部分。采暖、通风及空调系统管路纵横交错，在平面图上难以清楚地表达管线的空间走向，故采用系统图形式，将风管和水管的走向完整而形象地表达出来。

暖通空调系统图包括采暖水系统图、空调水系统图、空调风管系统图和防排烟系统图等。系统图中管路走向应与平、剖面图相吻合，应标明管径、标高、坡度，空调设备、采暖设备的编号，主要阀门仪表等部件的设置位置等。

4.1.5 剖面图

在暖通施工图中，当其他图纸不能清楚表达一些复杂管道的相对关系及竖向位置时，应绘制剖面图或局部剖面图来表示清楚。剖面图一般包括采暖、通风、空调管线剖面图和采暖、通风、空调机房剖面图。剖面图上应标明设备、管路和附件的位置及安装的标高，并与相应的平面图尺寸对应。施工中应与平面图和系统图等图纸互相对照进行识读。

4.1.6 详图

为了方便施工，设计人员根据施工需要，需绘制一些详图。如风管穿变形缝做法详图、水管穿墙、楼板详图、风机吊装、落地安装详图、风口安装详图等。

4.1.7 设备材料表

暖通施工图的设备材料表，是将工程中各系统采用的设备和材料一一列出规格、型号、数量以及技术参数要求等，作为设备采购的依据和进行施工概预算的参考。

4.2 建筑暖通空调施工图常用图例

表 4–1 为采暖、通风及空调的设备、系统常用的图例。施工图中的管道及部件多采用国家标准规定的图例来表示。这些简单的图样并不完全反映实物的形象，仅仅是示意性地表示具体设备、管道、部件及配件。各个专业施工图都有各自不同的图例，且有些图例还互相通用。

采暖、通风及空调的设备、系统常用图例　　表 4–1

图例	名称	图例	名称
	截止阀		三通阀
	闸阀		平衡阀
	球阀		自动排气阀
	蝶阀		放气阀
	止回阀		安全阀

续表

图例	名称
	角阀
	向上弯头
	向下弯头
	法兰封头或管封
	上出三通
	下出三通
	活接头或法兰连接
	固定支架
	导向支架
	金属软管
	橡胶软接管
	Y形过滤器
	压力表
	温度计
X	宽×高(mm)
Ø***	∅(mm)
	风管向上
	风管向下
	风管上升摇手弯
	风管下降摇手弯
	天圆地方
	圆弧形弯头

图例	名称
	带导流片的矩形弯头
	消声弯头
	消声静压箱
	消声器
	风管软接头
	止回风阀
	多叶调节风阀
	插板阀
70℃	70℃防火(调节)阀
280℃	280℃排烟防火阀
	方形散流器
	条缝形风口
	侧面风口
	轴(混)流风机
	水泵
F.M	流量计
E.M	能量计

4.3 建筑暖通空调施工图识读要点与BIM建模

4.3.1 建筑通风空调施工图识读方法

通风空调施工图的识读，应当遵循从整体到局部，从大到小，从粗到细的原则，同时要将图样与文字对照看，各种图样对照看，达到逐步深入与细化。看图的过程是一个从平面到空间的过程，还要利用投影还原的方法，再现图纸上各种图线图例所表示的管件与设备空间位置及管路的走向。

1. 按图纸识读

看图的顺序是：首先看图纸目录，了解建设工程性质、设计单位，弄清楚整套图纸共有多少张，分为哪几类；其次是看设计施工说明、材料设备表等一系列文字说明；最后再按照平面图、剖面图、系统轴测图及详图的顺序逐一详细阅读。

对于每一单张图纸，看图时首先要看标题栏，了解图名、图号、图别、比例，其次看图纸上所画的图样、文字说明和各种数据，弄清各系统编号、管路走向、管径大小、连接方法、尺寸标高、施工要求；对于管路中的管道、配件、部件、设备等，应弄清其材质、种类、规格、型号、数量、参数等；另外，还要弄清管路与建筑、设备之间的相互关系及定位尺寸。

2. 按系统识读

对空调风系统而言，可按照空气流动方向进行识读，如对于一次回风全空气空调系统，识图顺序为：室外新风口→新风管道→空气处理机组→送风主管→送风支管→送风口→空调房间→回风口→回风支管→回风主管→空气处理机组。

对于空调水系统而言，可按照空调水流动方向进行识读，如水冷空调系统，识图顺序为：冷冻机组→分水器→供水主管→供水立管→水平供水干管→水平供水支管→末端空调设备→水平回水支管→水平回水干管→回水立管→回水主管→集水器→冷冻机组。

按系统进行识图时，应注意平面图、系统图和剖面图需相互结合，相互对照进行识读。

4.3.2 施工图识读举例

1. 工程概况

本图纸为某医院门诊二楼传染病诊室。

诊室采用风机盘管加新风空调系统，新风由各层设置独立新风空调机组提供，卧式暗装风机盘管吊装于吊顶内，回风口均设置空气净化消毒装置。空调风管采用洁净型双面彩钢板复合风管制作。

传染病门诊设置独立的排风系统，维持房间负压。各卫生间设防潮型导管式排风扇，排风扇必须带止回装置（金属止回片），排气支管采用不燃硅箔消声软管。

进、出空调机房的送回风管上设 70℃熔断的防火调节阀。穿越防火分区的空调通风风管上必须设 70℃熔断的防火调节阀。空调，通风管道均设置阻抗复合消声器或消声弯头等消声措施（图 4-1、图 4-2）。

设备代号	名称	数量	规格及性能参数				备注
			制冷/热量	风量	机外静压	输入功率	
			千瓦(kW)	(CMH)	帕(Pa)	千瓦(kW)	
AHU-F2-02	柜式空调机组	1	19.6/26	1500	210	0.45	全新风机组
FP-4	卧式暗装风机盘管	1	3.95/6.8	530	30	0.086	250×250 散流器送风,自带调节阀
FP-8	卧式暗装风机盘管	3	7.5/12.05	950	30	0.17	400×400 散流器送风,自带调节阀

设备代号	名称	数量	规格及性能参数			备注
			风量或水量	机外静压/扬程	电机功率	
			m^3/h	帕(Pa)	千瓦(kW)	
PQS2	吊顶导管式排气扇	2	100	50	0.014	卫生间、开水间排风
PF-F2-01	低噪声离心风机箱	1	1000	250	0.25	

图 4-1 设备规格与性能参数

图例	名称	图例	名称
	百叶风口	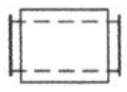	消声器
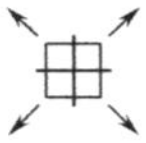	散流器		止回阀
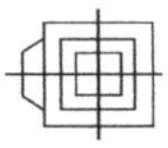	导管式排气扇	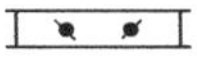	手动对开多叶调节阀
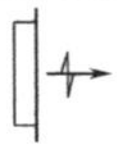	侧送风口	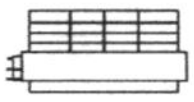	风机盘管
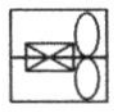	风机	N	冷凝水管
70℃ 	70℃防火阀(常开)		冷热水供水管
280℃ 	280℃防火阀(常开)		冷热水回水管

图 4-2 设备图例

空调冷冻水及热水由已建冷冻机房提供。空调水系统采用二管制，夏季冬季冷热水兼用，水平采用同程式系统。空调机组回水管上装动态平衡比例积分调节阀，以自动调节室内温度。风机盘管回水管上装动态电动二通平衡调节阀，并设手动三速开关。空调供回水管当管径大于等于 *DN*80 时，采用无缝钢管，法兰连接；当管径小于 *DN*80 时，采用镀锌钢管，丝扣连接。

所有空调冷热源设备能效必须大于等于相关规范要求。

2. 空调系统平面图识读

图 4-3 为传染门诊诊室空调平面图。图中有三间诊室和一间更衣间。每间诊室设置一台代号为 FP-8 的卧式暗装风机盘管，风机盘管自带百叶回风口，送风口为 400mm×

400mm 方形散流器。更衣间设置一台代号为 FP－4 的卧式暗装风机盘管，送风口为 250mm×250mm 方形散流器。风机盘管和散流器的布置位置，由图上定位标注表示。

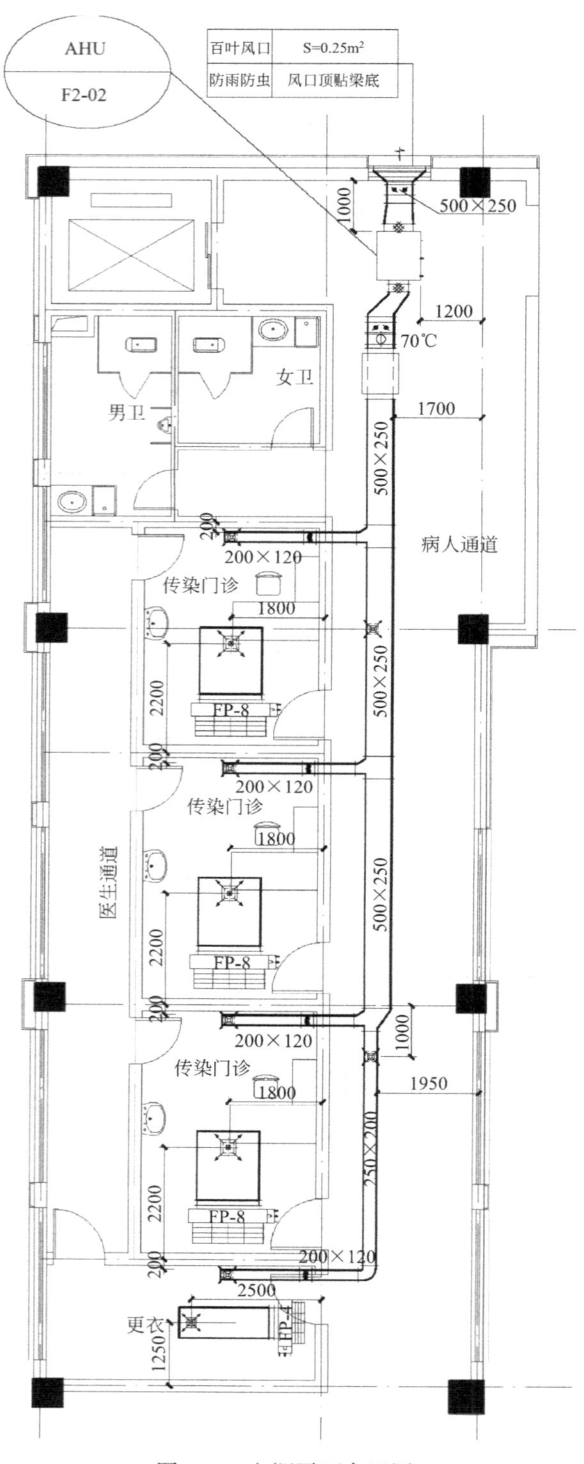

图 4－3　空调平面布置图

空调新风机组吊装在走道尽端吊顶内，新风机组设备代号为 AHU-F2-02，新风量为 $1500m^3/h$，冷量为 19.6kW。新风从外立面贴梁底设置的百叶风口进入新风机组，新风经加热或冷却处理后，进入管径 500mm×250mm 的新风主管，再送到每个房间 200mm×120mm 的新风支管，最后通过支管上设置的 200mm×200mm 的散流器进入空调房间，同时病人通道内设置两个新风散流器。新风管根据相关规范设置了调节阀、防火阀和消声器等阀门和设备。新风机组定位尺寸、每段风管管径及定位尺寸、新风口规格及定位尺寸等图上均有详细标出。

3. 通风系统平面图识读

图 4-4 为传染门诊诊室通风平面图。传染病门诊设置独立的排风系统，以维持房间负压。

图中传染门诊和更衣间角落分别设置 200mm×200mm 百叶风口用于排风。最远端 200mm×120mm 排风支管接入 200mm×200mm 的排风主管，与后续排风支管汇合，三通接入 400mm×200mm 排风主管。排风主管接入设备代号为 PF-F2-01 的排风机，经外立面百叶排至室外。排风机吊装于男卫吊顶内，其排风量为 $1000m^3/h$。

卫生间中男卫和女卫分别设置代号为 PQS2 导管式排气扇，用于保证卫生间空气卫生要求，排气扇排风就近接入外墙排出。

排风风机定位尺寸、排风管管径及定位尺寸、百叶风口的规格及定位尺寸等平面图上有详细标出。

4. 空调水系统平面图识读

图 4-5 为传染门诊诊室空调水系统平面图。空调水系统采用二管制，即夏季冷冻水和冬季空调热水共用水管。

图 4-3 中实线为空调供水管，虚线为空调回水管，标有 N 的细实线为空调凝结水管。此区域三台 FP-8、一台 FP-4 的风机盘管和一台 AHU-F2-02 新风机组，共五个空调设备接入空调水系统。空调供、回水管，凝结水管管径图上均已标出。供、回水管水平为同程式系统，与说明相符。

5. HIBIM 建模-暖通

(1) 风管

以 3 号厂房工程一层通风系统为例，链接 CAD 图纸（暖通一层平面图），点击菜单栏【暖通（品茗）】下的【提取风管】，如图 4-6 所示，点击【提取】，依次提取风管标注、风管线与风管中心线（若缺少可不提取）；完成提取后设置安装高度，点击【确定】完成风管提取。

建筑暖通施工图识读举例

(2) 风口与风机

以 3 号厂房工程一层送风系统为例，点击菜单栏【暖通（品茗）】下的【布置风口】，如图 4-7 所示，弹出风口布置窗口，选择对应风口类型，以及风口大小与安装高度（需与风管安装高度一致），点击【单个布置】，在图中对应位置完成风口布置。

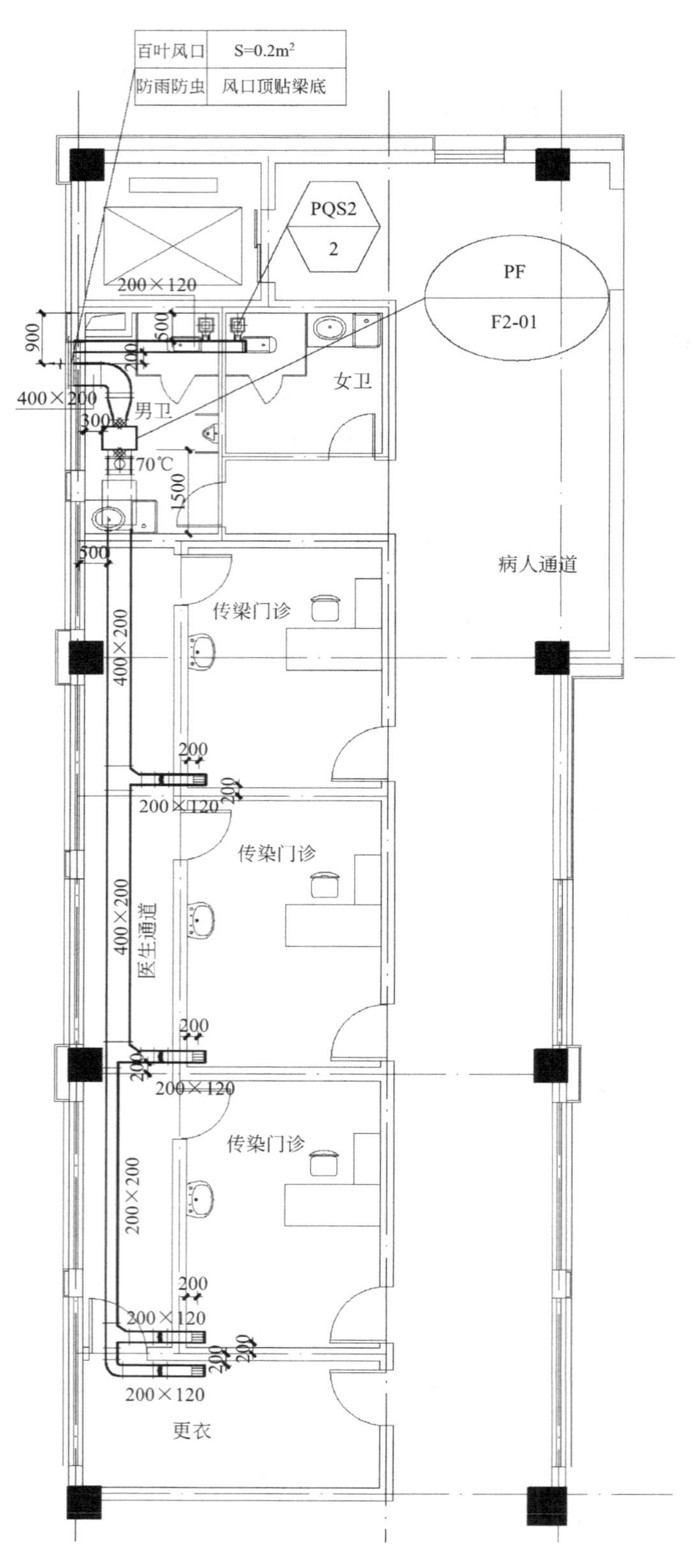

百叶风口
S=0.2m2
防雨防虫
风口顶贴梁底
PQS2
2
PF
F2-01
200×120
900
500
200
400×200
300
男卫
女卫
70℃
1500
500
病人通道
400×200
传染门诊
200
200×120
200
传染门诊
400×200
医生通道
200
200
200×120
传染门诊
200×200
200
200×120
200
200
200×120
更衣

图 4-4　通风平面布置图

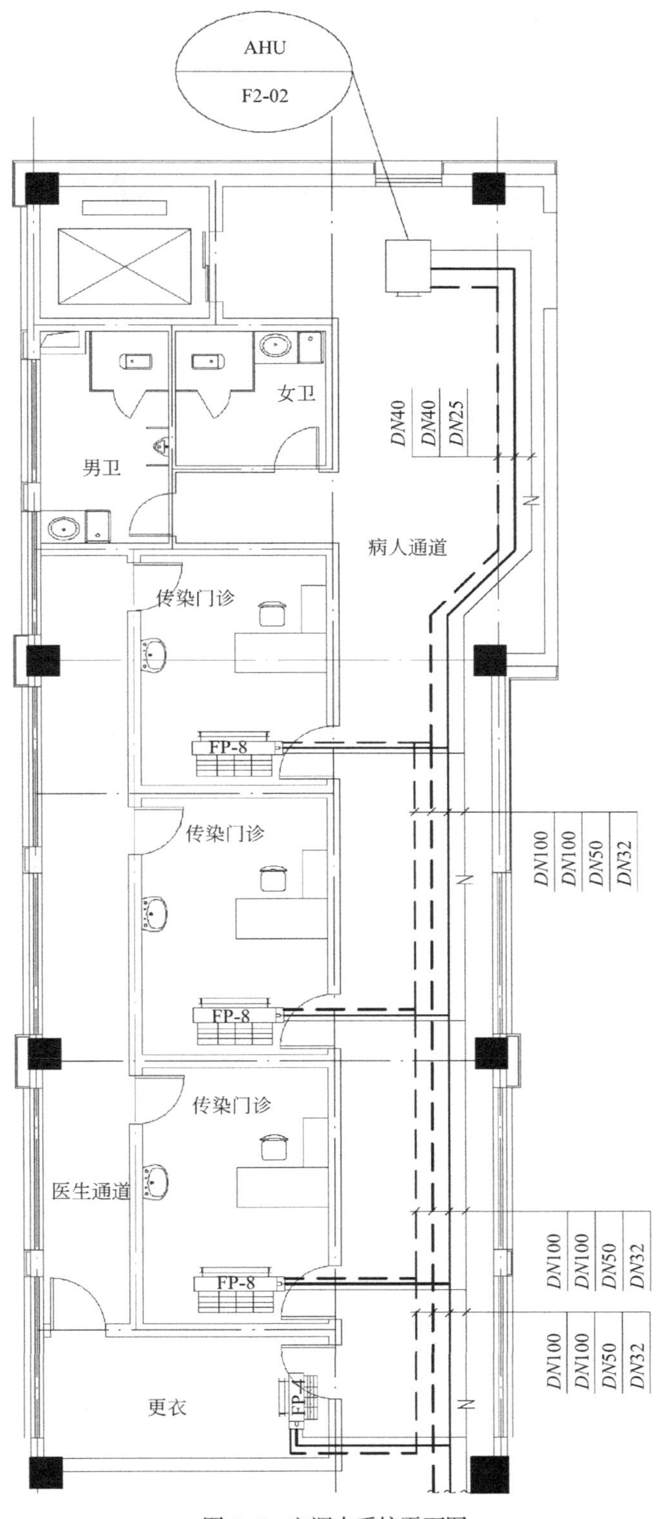

图 4-5 空调水系统平面图

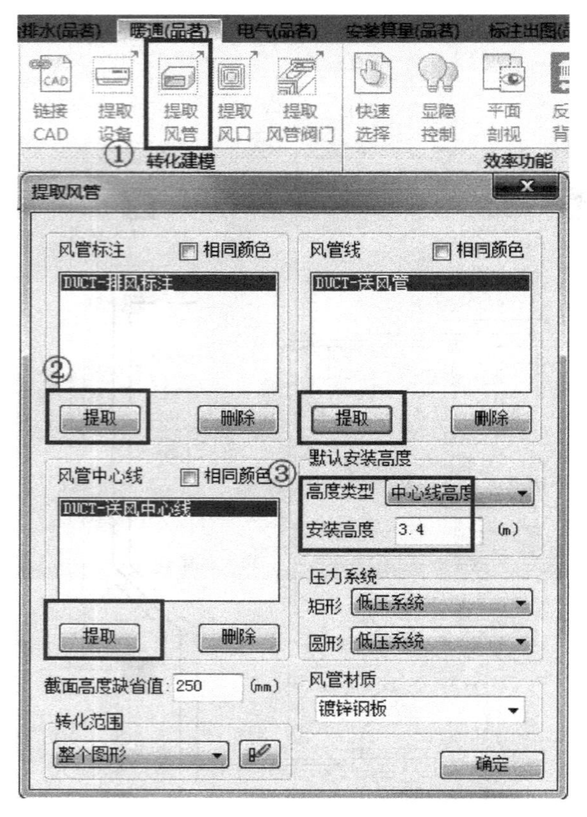

排水(品茗) 暖通(品茗) 电气(品茗) 安装算量(品茗) 标注出图
链接 CAD
提取 设备
提取 风管
提取 风口
提取 风管阀门
快速 选择
显隐 控制
平面 剖视
①
转化建模
效率功能
提取风管
风管标注
相同颜色
DUCT-排风标注
②
提取
删除
风管线
相同颜色
DUCT-送风管
提取
删除
风管中心线
相同颜色
③
DUCT-送风中心线
提取
删除
默认安装高度
高度类型
中心线高度
安装高度
3.4
(m)
压力系统
矩形
低压系统
圆形
低压系统
截面高度缺省值:
250
(mm)
风管材质
镀锌钢板
转化范围
整个图形
确定

图 4-6

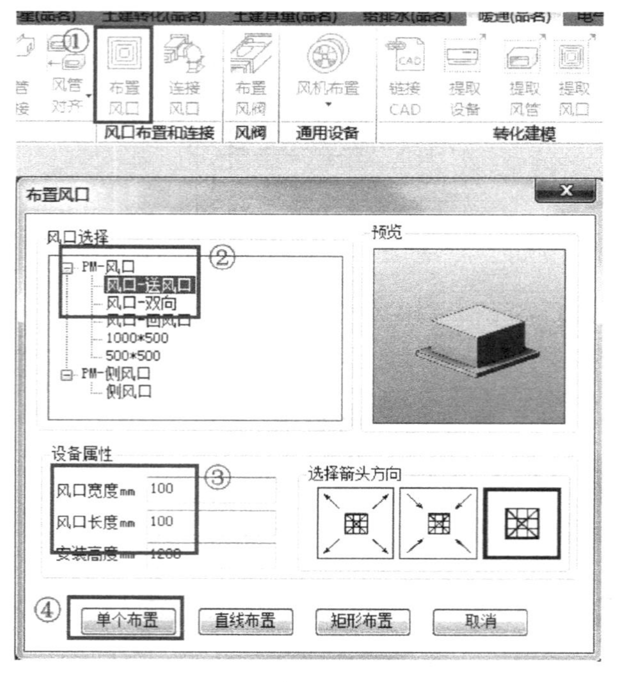

土建转化(品茗) 土建算量(品茗) 给排水(品茗) 暖通(品茗)
①
风管 对齐
布置 风口
连接 风口
布置 风阀
风机布置
链接 CAD
提取 设备
提取 风管
提取 风口
风口布置和连接
风阀
通用设备
转化建模
布置风口
风口选择
②
PM-风口
风口-送风口
风口-双向
风口-回风口
1000*500
500*500
PM-侧风口
侧风口
预览
设备属性
③
风口宽度mm
100
风口长度mm
100
安装高度mm
选择箭头方向
④
单个布置
直线布置
矩形布置
取消

图 4-7

点击菜单栏【暖通（品茗）】下的【风机布置】（下拉按需要选择设备），如图 4-8 所示；弹出风机设备窗口，输入风机尺寸与安装高度（需与连接的风管安装高度中心线一致），点击【布置】。

（3）风阀

以送风系统对开多叶调节阀为例，点击菜单栏【暖通（品茗）】下的【布置风阀】，如图 4-9 所示，弹出风管阀件窗口，找到对应阀件（在此可选择对开式调节阀），双击后在图中相应位置点击完成布置。

图 4-8

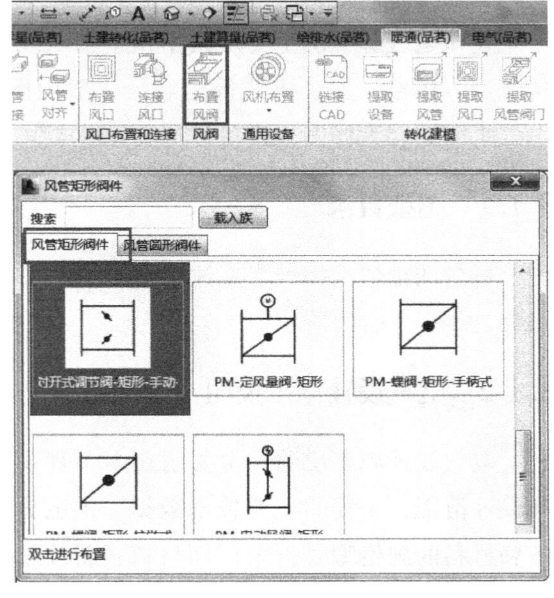

图 4-9

HIBIM 建模-暖通（风管、风口、风机、风阀）

5 BIM电气建模基础

5.1 建筑电气施工图的内容

建筑电气施工图主要反映了供、配电线路的规格与敷设方式和各种电气设备及配件的选型、规格、安装方式等内容。一般由图纸目录、电气设计施工说明、配电系统图、电气平面图、大样图和设备材料表等组成。

5.1.1 图纸目录

对各图纸依次编号，并注明图纸名称。从目录上可得知电气施工图的张数及每张的名称。

5.1.2 电气设计施工说明

电气设计施工说明，主要阐述本工程项目的工程概况和设计规模；施工图设计依据和设计范围；工程的主要技术数据、供电方式、电压等级、主要线路敷设方式、主要设备和材料的规格型号；采用新材料、新技术或者有特殊要求的做法说明；施工方法、验收要求和主要注意事项等。

5.1.3 配电系统图

配电系统图是建筑电气施工图中重要的图纸，表示电力系统整体的配电关系或配电方案。系统图不是按比例投影画法表示，通常不表明电气设备的具体安装位置。配电系统图可清楚地表示整个建筑物内配电系统的情况与配电线路所用导线的型号、截面面积与敷设方式，以及总的设备容量等，使我们对整个工程的供电全貌与接线关系有整体性了解。

配电系统图内容包括：整个配电系统的联结方式，从主干线至各分支回路的路数；主要变配电设备的型号、规格和数量；主干线路及主要分支线路的敷设方式和型号规格。

5.1.4 电气平面图

电气平面图表示了建筑各层的照明、动力、消防、防雷、弱电等电气设备的平面位置和线路走向，它是电气安装的重要依据。包括变配电平面图、照明平面图、动力平面图、消防平面图、防雷平面图及弱电平面图等。

平面图详细、具体地表示建筑物内各种设备与线路、桥架之间的平面布置关系；线路敷设位置、敷设方式、线缆的桥架和线管规格；设备的型号、数量、安装位置；各支路的编号及要求；防雷、接地的安装方式、位置等。设备的型号、数量、安装位置；各支路的编号及要求；防雷、接地的安装方式、位置等。

5.1.5　大样图

大样图是表现电气工程中某一部分或某一部件的具体安装要求与做法的图纸。其中，大部分大样图选用的是国家标准图。对于某些电气设备或电器元件安装工程中有特殊要求或无标准图的部分，设计者绘制了专门的构件大样图或安装大样图，并详细地标明尺寸、施工方法和具体要求，指导设备制作和施工。

5.1.6　设备材料表

为了满足施工单位计算材料、采购电气设备、编制工程概（预）算和编制施工组织计划等方面的需要，电气工程图纸要列出主要设备材料表。表中应列出主要电气设备材料的规格、型号、数量以及有关的重要数据，要求与图纸一致，而且要按照序号编号。

此外，还有电气原理图、设备布置图、安装接线图等。

电气施工图根据建筑物功能不同，电气设计内容有所不同。通常可分为内线工程和外线工程两大部分。内线工程：照明系统、动力系统、防雷系统、消防系统、变配电系统、空调系统、广播系统、广播保安系统等。外线工程：架空线路、电路线路、室外电源配电线路等。

5.2　建筑电气施工图常用图例

图例是工程中的材料、设备及施工方法等用一些固定的、国家统一规定的图形符号和文字符号来表示的形式。建筑电气图纸由大量的图例组成，在掌握一定的建筑电气工程设备和施工知识的基础上，读懂图例是识图的要点。

5.2.1　部分常用图形符号

部分图形符号具有一定的象形意义，比较容易和设备相联系进行识读。表 5-1 为部分常用图形符号。

5.2.2　部分常用文字符号

1. 相序

交流导体的第一相线 L1（黄色）。

交流导体的第二相线 L2（绿色）。

交流导体的第三相线 L3（红色）。

中性导体 N（淡蓝色）。

保护导体 PE（绿/黄双色）。

PEN 导体 PEN（全长绿/黄双色，终端另用淡蓝色标志或全长淡蓝色，终端另用绿/黄双）。

2. 线缆线路标注

$$a-b-(c\times d+e\times f)-g-h$$

式中 a——回路代号；

b——型号；

c——相导体根数；

d——相导体截面（mm^2）；

e——N、PE 导体根数；

f——N、PE 导体截面（mm^2）；

g——敷设方式和管径（mm），参见表 5-2；

h——敷设部位，参见表 5-3。

常用图形符号 表 5-1

图形符号	名称	图形符号	名称
n	导线组(示出导线根数)		向上配线或布线
	电压互感器		向下配线或布线
	电流互感器		垂直通过配线或布线
	隔离开关		由下引来配线或布线
	带自动释放功能的隔离开关		由上引来配线或布线
	断路器		由上引来向下配线或布线
	带隔离功能断路器		由下引来向上配线或布线
	熔断器		电流插座，一般符号
	避雷器		单相插座(明装)
V	电压表		单相插座(暗装)
A	电流表		单相插座(密闭防水)
Wh	电度表(瓦时计)		单相插座(防爆)

续表

图形符号	名称	图形符号	名称
	带保护极的单相三孔插座(明装)		单级延时开关
	带保护极的单相三孔插座(暗装)		单级双控开关
	带保护极的单相三孔插座(密闭防水)		单级双控开关(暗装)
	带保护极的单相三孔插座(防爆)		吊扇或空调调速开关
	带开关插座		灯或信号灯一般符号
	带接地插孔的三相插座(明装)	E	应急疏散指示标志灯
	带接地插孔的三相插座(暗装)		应急疏散指示标志灯(向右)
	带接地插孔的三相插座(暗装)		应急疏散指示标志灯(向左)
	带接地插孔的三相插座(防爆)		应急疏散指示标志灯(向左、向右)
	开头,一般符号		应急照明灯
	单级单控开关		自带电源的应急照明灯
	单级单控开关(暗装)		单管荧光灯
	单级单控开关(密闭防水)		双管荧光灯
	单级单控开关(防爆)		单管格栅灯
	双级单控开关		双管格栅灯
	双级单控开关(暗装)		吸顶灯
	双级单控开关(密闭防水)		球形灯
	双级单控开关(防爆)		壁灯
	三级单控开关		照明配电箱
	三级单控开关(暗装)		动力或动力-照明配电箱
	三级单控开关(密闭防水)		接地一般符号
	三级单控开关(防爆)		

线缆敷设方式标注的文字符号 表 5-2

名称	文字符号	名称	文字符号
用焊接钢管(钢导管)敷设	SC	电缆梯架敷设	CL
穿普通碳素钢电线套管敷设	MT	金属槽盒敷设	MR
穿可挠金属电线保护套管敷设	CP	塑料槽盒敷设	PR
穿硬塑料导管敷设	PC	钢索敷设	M
穿阻燃半硬塑料导管敷设	FPC	直埋敷设	DB
穿塑料波纹电线管敷设	KPC	电缆沟敷设	TC
电缆托盘敷设	CT	电缆排管敷设	CE

线缆敷设部位标注的文字符号 表 5-3

名称	文字符号	名称	文字符号
沿或跨梁(屋架)敷设	AB	暗敷设在顶板内	CC
沿或跨柱敷设	AC	暗敷设在梁内	BC
沿吊顶或顶板面敷设	CE	暗敷设在柱内	CLC
吊顶内敷设	SCE	暗敷设在墙内	WC
沿墙内敷设	WS	暗敷设在地板或地面下	FC
沿屋面敷设	RS		

3. 灯具标注

对于照明灯具，宜在其图形符号附近标注灯具的数量、光源数量、光源安装容量、安装高度、安装方式。

$$a=b\cdot\frac{c\times d\times L}{e}f$$

式中 a——数量；

b——型号，参见表 5-4；

c——每盏灯具的光源数量；

d——光源安装容量；

e——安装高度（m），“—”表示吸顶安装；

L——光源种类，参见表 5-5，在光源有其他说明时，此项可省略；

f——安装方式，参见表 5-5。

常用灯具型号代号 表 5-4

名称	代号	名称	代号
普通吊灯	P	投光灯	T
壁灯	B	荧光灯	Y
花灯	H	防水防尘灯	F
吸顶灯	D	水晶底罩灯	J
柱灯	Z	工厂一般灯具	G

灯具光源种类和安装方式的文字符号 表 5-5

序号	光源种类的文字符号		安装方式的文字符号	
	名称	文字符号	名称	文字符号
1	钠气	Na	线吊式	SW
2	氙	X	链吊式	CS
3	氖	N	管吊式	DS
4	白炽灯	IN	壁装式	W
5	汞	Hg	吸顶式	C
6	碘	I	嵌入式	R
7	电致发光	EL	吊顶内安装	CR
8	弧光	ARC	墙壁内安装	WR
9	红外线	IR	支架上安装	S
10	荧光灯	FL	柱上安装	CL
11	紫外线灯	UV	座装	HM
12	发光二极管	LED		

5.3 建筑电气施工图识读要点与 BIM 建模

5.3.1 建筑电气施工图识读方法

识读建筑电气施工图，应掌握一定的电气工程基础知识，熟悉图例符号及含义，熟悉电气设备和线路的标注方式。

按图纸识读

可按照“目录→设计说明→主要设备材料表→系统图→平面图→详图”的顺序识读。

(1) 查看图纸目录。了解整个工程由哪些图纸组成。

(2) 阅读设计说明。了解工程的设计思路、技术要求、施工方法和注意事项等，可以先粗略看，再细看，理解其中每句话的含义。

(3) 阅读主要设备材料表中的图例符号。在主要设备材料表中需要注意阅读图例符号。施工图图例一般在图例及主要设备材料表中已写出，并对图例的名称、型号、规格和数量等都有详细标注，所以要注意结合图例来看图。

(4) 系统图、平面图互相对照读图。建筑电气施工图中，系统图和平面图联系紧密，一般先看系统图，了解系统组成概况，再具体熟读平面图。因此读图时各个配电系统互相对照，每个配电系统平面图和系统图互相对照，综合看图。

在读图中各种图纸和资料往往需要结合起来，反复阅读，才能弄清楚每个部分。如果有条件一边看图，一边看施工现场实际情况，这样既能掌握很多电气工程知识，又能熟悉电气施工图纸的读图方法。

按线路走向识读法举例：

可按照“进户线→变、配电所→开关柜、配电屏→干线→分配电箱→支线→用户配电箱→各路用电设备”的顺序识读。识读供电方式和电压，电源进户线方式，采用哪些供电方式，干线及支线情况，主要是干线在各配电箱之间的连接情况，敷设方式及部位，布线方式，电气设备的平面布置、安装方式和高度等。

5.3.2 施工图识读举例

1. 工程概况

本工程为三层中药材深加工车间，属多层丙类厂房。

根据用电设备对供电可靠性的要求，本工程应急照明，消防水泵等属二级负荷，其余用电设备均属三级负荷。二级负荷的供电电源引自变电所的两路不同回路的电源进行末端切换。应急照明采用蓄电池。供电电源均引自厂区变电所。

动力、照明配电电压为 380V/220V 50Hz ，三相五线制。在总配电箱内设电能计量、电涌保护器。

配电箱嵌墙暗装底边距地 1.5m，应配合土建施工预留墙洞。照明开关底边距地 1.3m，离门框边不小于 0.15~0.2m。除特殊注明外插座均嵌墙暗装，底边距地 0.3m。

由照明配电箱引出的线缆穿钢管暗敷，有吊顶则在吊顶内明敷。未注明导线根数均为三根。

灯具选用效率高、使用寿命长、显色性好、符合国家相关标准的灯具，荧光灯采用电子镇流器，功率因数不应低于 0.9，各类镇流器的谐波含量应符合国家标准的规定。

线缆穿管敷设时，管路较长或弯头过多，应在中间适当位置添加过路接线盒。管线过伸缩缝或沉降缝处应做处理。电缆敷设完毕后，墙上留洞处应做防火封堵。电缆穿越不同防火分区及不同洁净度分区也须做防火封堵。

强电图例及主要设备材料表　　表 5-6

序号	名称	图例	型号及规格	单位	数量	备注
1	动力照明配电箱		要求按系统加工制作，并应符合国家相关规范及制作标准	套		明装 $H=1.2\text{m}$
2	双电源切换箱			套		明装 $H=1.2\text{m}$
3	事故照明配电箱			套		明装 $H=1.2\text{m}$
4	住户配电箱			套		暗装 $H=1.6\text{m}$
5	双管荧光灯		NDL482-2×18W	只		线吊
6	单管荧光灯		NDL482-1×18W	只		线吊
7	单管荧光灯		1×18W~220V	只		明装 $H=2.2\text{m}$
8	防水防尘灯		1×18W~220V	只		吸顶
9	半吸顶灯		1×11W（节能灯）~220V	只		吸顶
10	吸顶灯		1×15W~220V	只		吸顶

续表

序号	名称	图例	型号及规格	单位	数量	备注
11	轴流风扇		1×26W～220V	只		吸顶
12	延迟开关			只		吸顶安装
13	四联单控开关		EP3A411	只		暗装 H=1.4m
14	三联单控开关		EP3A311	只		暗装 H=1.4m
15	双联单控开关		EP3A211	只		暗装 H=1.4m
16	单联单控开关		EP3A111	只		暗装 H=1.4m
17	带保护接点暗装插座			只		暗装 H=0.3m
18	三相线插座			只		暗装 H=2.2m
19	卫生间吹干机			只		暗装 H=1.5m

2. 配电系统图识读

图 5-1 为竖向干线系统图，可以看出，本工程照明系统由一层配电间低压配电屏引出 5 条照明干线，分别接至一层 1AL1、1AL2 分配电箱，二层 2AL1、2AL2 分配电箱和三层 3AL1 分配电箱。

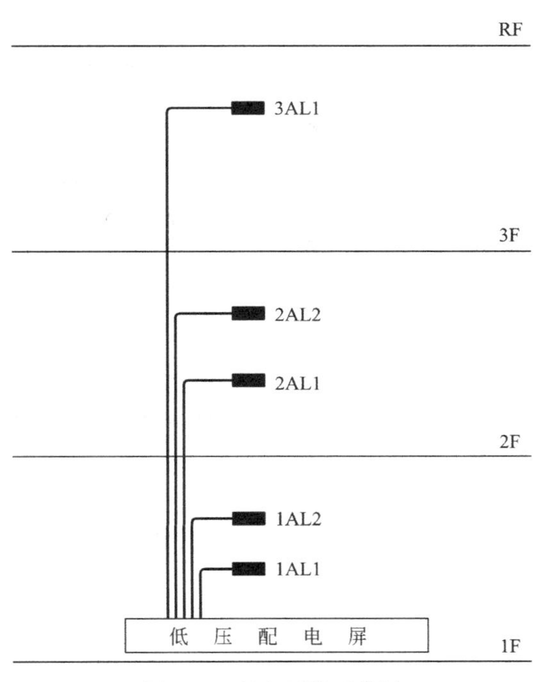

图 5-1　竖向干线系统图

图 5-2 为 1AL1 照明配电箱系统图。配电箱中设置一个型号为 NM8L-100S/50A-4P-300mA 带漏电保护的断路器，3 块 LMZ1-0.6-50/5A 型电流互感器和 3 块 DD862-4/15（60）型单相电度表，零线和保护线汇流排各一个，NU6-II 型电涌保护器一个。

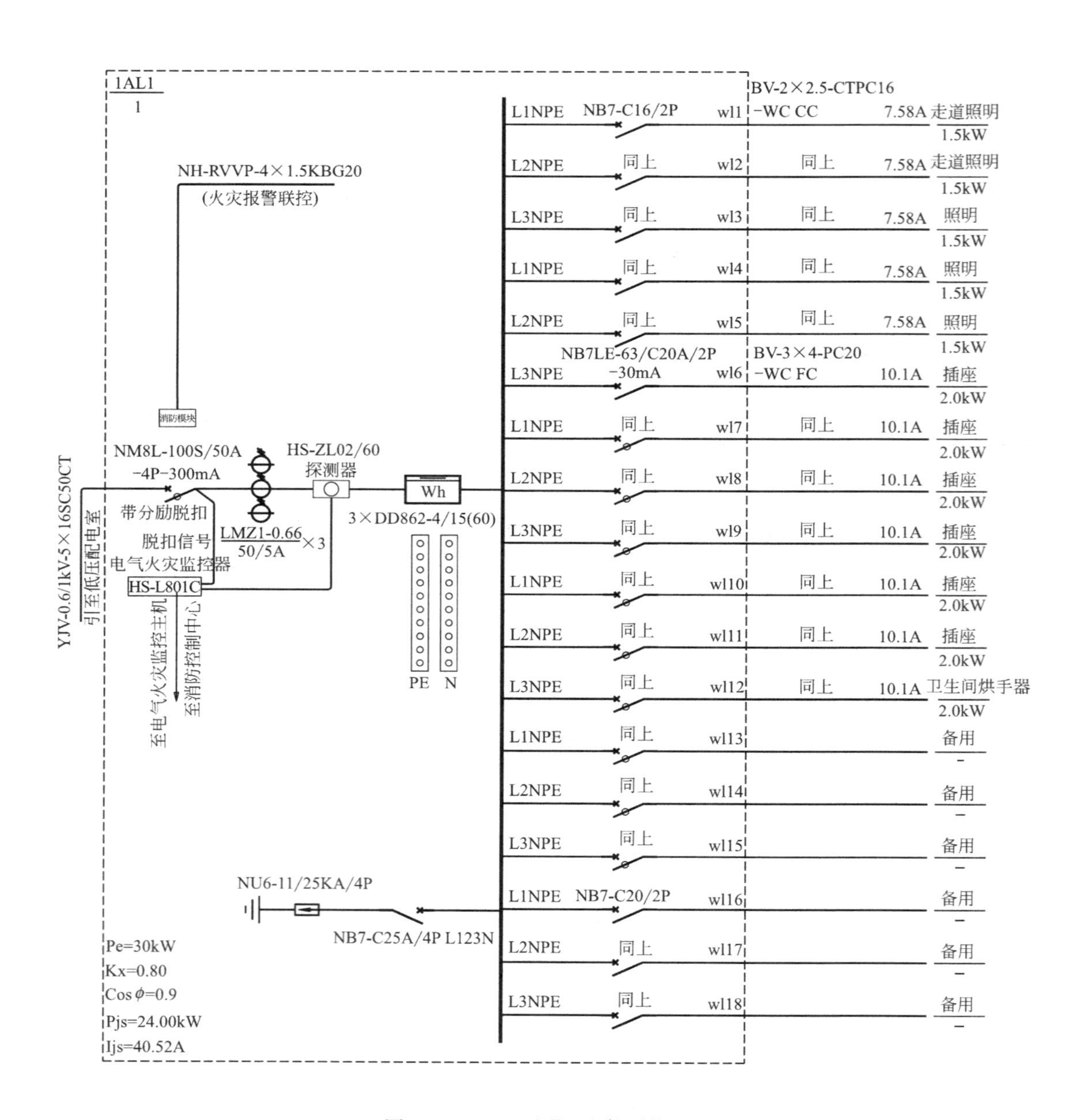

图 5-2　1AL1 照明配电箱系统图

1AL1 照明配电箱有 1 路进线和 18 路出线。进线是由配电间低压配电屏引出的一路干线，进线为交联聚乙烯绝缘聚氯乙烯护套铜芯电力电缆，5 芯导线，每根截面积为 16mm^2，穿管径 50mm 焊接钢管或桥架敷设。

出线18个支路均为单相电源线路。其中WL1~WL5为照明支路，每条支路设置一个NB7-C16/2P型断路器，支路导线为聚氯乙烯绝缘铜芯导线，2芯，每芯截面积为2.5mm^2，穿桥架或管径16mm的硬聚氯乙烯管敷设，暗敷于墙内或顶板内。

WL6~WL11为插座支路，其中WL12为卫生间烘手器支路，每条支路设置一个NB7LE-63/C20A/2P-30mA漏电保护型断路器，支路导线为聚氯乙烯绝缘铜芯导线，3芯，每芯截面积为4mm^2，穿管径20mm的硬聚氯乙烯管敷设，暗敷于墙内或地板内。WL13~WL18为备用支路。

3. 照明、插座平面图识读

图5-3为一层局部照明、插座平面图，图中实线表示照明回路，虚线表示插座回路。1AL1照明配电箱设置在走廊北侧端头，各照明和插座回路从配电箱出线后采用桥架敷设。每一支路的导线根数均已在图上标出。桥架的敷设需根据建筑平面布置图，结合空调管线和电气管线等设置情况、方便维修，以及线缆的疏密来确定桥架的最佳路由，尽可能沿建筑物的墙、柱、梁及楼板架设。线缆桥架宜高出地面2.2m以上，桥架顶部距顶棚或其他障碍物不应小于0.3m，桥架宽度不宜小于0.1m，桥架内横断面的填充率不应超过50%。

WL1回路为走道照明、北侧洗手间、更衣照明和楼梯间照明。其中，走道为6盏半吸顶灯，每盏灯功率11W，延迟开关控制；洗手间、更衣灯具为8盏半吸顶灯，每盏灯功率15W，单联、三联单控暗装开关控制；楼梯间为2盏吸顶灯，每盏灯功率15W，延迟开关控制。

WL2回路为药材收发区照明、北侧卫生间照明和楼梯间照明。其中，药材收发区灯具为6盏半吸顶灯，每盏灯功率11W，三联单控暗装开关控制；卫生间灯具为7盏防水防尘灯，每盏灯功率18W，吸顶安装，分别由二联单控暗装开关控制；楼梯间为2盏吸顶灯，每盏灯功率15W，延迟开关控制。

WL3回路为西侧包装间、中间仓、干燥过筛三个房间照明，房间灯具为20盏双管荧光灯线吊安装，每个灯管功率为18W，二联、三联单控暗装开关控制。

WL4回路为东侧净选和洗药、润药两个房间照明。净选房间灯具为6盏三管荧光灯线吊安装，每个灯管功率为18W，三联单控暗装开关控制；洗药、润药房间灯具为9盏防水防尘灯，每盏灯功率18W，吸顶安装，三联单控暗装开关控制。

WL5回路为东侧蒸煮、切制和备用三个房间照明。蒸煮房间灯具为9盏防水防尘灯，每盏灯功率18W，吸顶安装，三联单控暗装开关控制；切制和备用房间灯具为10盏双管荧光灯线吊安装，每个灯管功率为18W，分别由二联单控暗装开关控制。

建筑电气施工图识读举例

WL6~ WL11回路为插座回路，插座均为带保护接点暗装插座，WL12回路为卫生间烘手器插座。

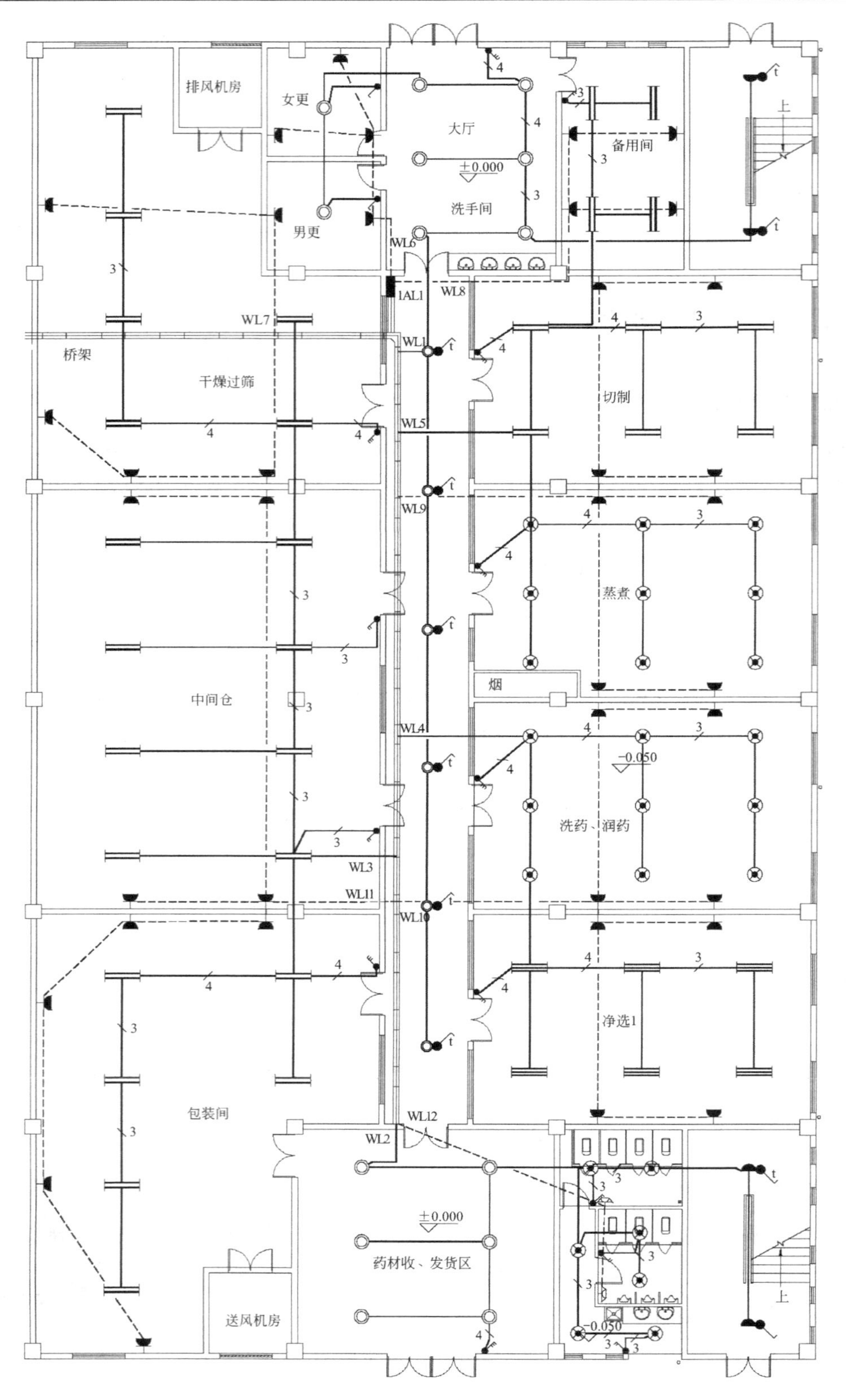

图 5-3 一层局部照明、插座平面图

4. HIBIM 建模–桥架

以 3 号厂房工程一层照明系统为例，链接 CAD 图纸（一层照明平面图），点击菜单栏【电气品茗】下的【提取桥架】，如图 5–4 所示，弹出提取桥架窗口后，点击【提取】，依次提取桥架标注层与边线层（如无标注信息，可不提取）；提取完成后，设置安装高度，点击【确定】完成提取。

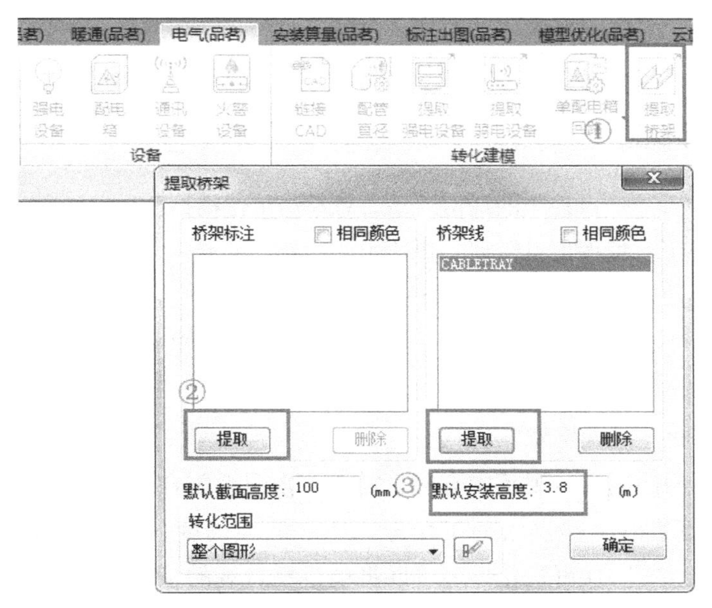

图 5–4

HIBIM 建模–桥架

6　BIM 模型深化设计

6.1　BIM 模型深化设计

6.1.1　深化设计概述

深化设计是一种建造过程中的增值活动。总承包单位根据已确定的工程设计，在满足合同和规范要求前提下，根据项目策划、建造组织过程，有针对性地对节点构造、构件排布、精确定位、构建布局进行图纸化表达，达到工艺过程图形化，专业接口管理图表化，为建造过程中工艺顺序管理、计划管理、资源计划提供技术依据，实现建造过程的增值。

1. BIM 在深化设计上的优势

（1）3D 可视化、准确定位

传统的 2D 平面图因为可视范围有限，需要多张图纸配合才能看清楚某个构件的详细位置与构造，并不直观，不仅增加工作量，还降低准确度。采用 BIM 技术之后，通过 BIM 概念的特性建立起 3D 可视化模型可以将项目更直观的呈现给各参与方，即便是缺乏专业知识的业主方对于可视化的 3D 模型也能够读懂，方便了各方的沟通。同时，BIM 模型采用面向对象及参数化的概念，将建筑项目中所有构件的真实数据纳入之后，可以将传统绘图中经常忽略的部分（如保温层）展现出来，让各参与方将很难发现的问题考虑到设计当中，从实际上解决深层次存在的隐患（图 6-1、图 6-2）。

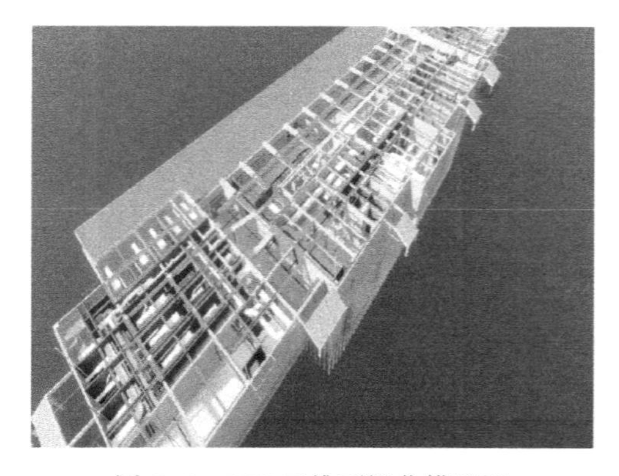

图 6-1　BIM 三维可视化模型图

图 6-2　117 大厦 BIM 渲染模型图

（2）碰撞检查、合理布局

传统 2D 图纸中即便做设计深化也很难考虑到各专业间的碰撞，这就要依靠设计人员的个人空间想象能力以及工作经验，否则很容易就造成疏漏或者错误，无形中增加了设计变更的频率，造成了额外费用的增加。通过 BIM 技术的碰撞检查功能可以将设计中各自专业，及各专业间的碰撞全部反馈给设计人员，同时自动生成检查报表，让参与各方以报表为依据进行及时有效的沟通与协调，减少设计变更及施工返工的现象，能够提高实际的工作效率、降低额外成本，缩短工期（图 6-3、图 6-4）。

图 6-3 管线避让模型效果图

图 6-4 地下室管线综合图

（3）设备参数复核计算

传统 2D 图纸深化中对于设备参数复核计算都是以平面图为主来计算，但是由于最初设计时经常会因为变更而导致图纸频繁更改，所以计算结果与实际相差巨大，甚至影响工作的正常进行。运用 BIM 技术后，就可以对所建立好的 BIM 模型进行参数化计算与编辑，因为 BIM 模型所具备的联动性是传统 2D 图纸所不具备的，只需要软件自动计算完成导成报表就可以了。即便是模型有变化或者修改，计算结果也会依据联动关系重新生成计算结果，校正设备参数复核计算的结果，为设备选择型号提供依据。

2. 深化设计原则

（1）保证使用功能的原则；

（2）主干管线集中布置的原则；

（3）管线布置排列一般原则；

（4）方便施工的原则；

（5）方便系统调试、检测、维修的原则；

（6）美观的原则；

（7）结构安全的原则。

6.1.2 碰撞检查与成果输出

建筑工程行业中，由于各个流程阶段信息不对称，致使常常发生“错漏碰缺”现象，浪费大量的人力财力。综合管线碰撞是工程领域中值得深入研究的问题，如果在设计初期方案不合理，会在施工期会发生严重的经济损失并使工期延误。BIM 技术的引入，可以很好的解决传统综合管线碰撞检测中存在的问题。

利用 BIM 技术的碰撞检测功能，可以实现建筑与结构、结构与机电等不同专业图纸之间的碰撞，同时加快了各专业管理人员对图纸问题的解决效率。正是利用 BIM 技术这种功能，才能预先发现图纸问题，及时反馈给设计单位，避免后期因图纸问题带来的停工以及返工，提高了项目管理效率，也为现场施工及总承包管理打好了基础。

1. 碰撞产生的原因

（1）管综剖面仅能表示一段距离内的管道秩序，空间变化，管综剖面失效。

管综剖面是一个静态的截面，前后两个截面间的管线布置依赖于逻辑推理，当截面空间、管线的数量发生变化，逻辑推理中加入了猜测，那么管综剖面就不是一个唯一解，存在多种解决方案，要施工单位来选择，必定选最容易实现的，而设计人选对系统最合理的。是否按图施工和是否便利施工会成为双方争论的焦点。这正是二维设计中片段化带来的多年的习惯性矛盾。三维模型中所见即所得，直观明了的特点，使得设计人为坚持合理化，反驳施工方主张提供了理论基础。但是实际设计中，剖面数量少、剖面处管线简单等容易被人指摘的硬伤确实存在，因此无论是在二维还是三维设计中，设计人都应该坚持将管综剖面设置在管道最复杂的地方、空间最狭窄的地方、空间变化的地方，控制好以上三个部位，碰撞点数就会减少很多，即使有碰撞，也是有空间调整的。

（2）二维向三维转化过程中，信息不全造成偏差。

在二维设计中，有些细节问题是设计师没有考虑到的，比如风管、水管交叉的翻高、喷淋支管和其他管道的避让配合等，将这步骤后置给了施工单位，由他们根据现场情况灵活调整翻高、避让的位置及高度。但是实际中因为没有考虑翻高避让的空间，还是业主经常要求设计人现场解决问题。

（3）二维设计与管综剖面缺乏信息交流。

在各专业开始设计初期，会预先计划出一个管综方案，确定各专业管线的标高和位置。随着设计的深入，设计条件不断的明确，新的管线陆续添加，但是设计人做出的变化没有及时反映在管综上，没有及时进行调整，等设计结束后，预期的管综和实际的管综貌合神离，碰撞数量大大增加，缺少施工空间。最致命的问题是漏项，即使是一个桥架，由于其需有开盖空间，也会占用一定的空间。

（4）符号示意的二维图纸，与三维真实模型之间的偏差。

机电专业设计绘制二维图纸时，经常采用线条和示意的符号来表达设计意图，不含实际管件的尺寸信息，导致安装困难，例如制冷站内的管道，弯头的尺寸导致高差较小的翻高无法实现；固定支架在图中表示为一根细线，实际却是一个固定架或是一根钢梁，形体差异很大。

因此，二维绘图和三维建模之间不仅仅是一个工具的转变，更是一个对传统的思维方式、设计习惯的变革。一方面，由于空间的直观性，降低了设计人对空间的感知要求，另一方面，由于提前介入施工工艺，又提高了设计人对复杂空间的处理能力。二维出图时可做可不做的事情，在三维建模阶段成了不可不做的事情；二维出图时抓主要设备管线，适当忽略细节的做法，在三维建模阶段成细节决定管综空间的反向做法，对设计人的思维与能力都提出了巨大的挑战。

2. 碰撞类型

硬碰撞：实体在空间上存在交集，如图 6-5 所示。

间隙碰撞：实体间实际并没有碰撞，但间距和空间无法满足相关施工要求（如安装、维修等），如图 6-6 所示。

图 6-5 硬碰撞三维模型图

图 6-6 间隙碰撞三维模型图

单专业碰撞：单专业综合碰撞检查只在同一专业内查找碰撞，如图 6-7 所示。

多专业的综合碰撞：多专业综合碰撞包括给水排水、暖通、电气模型之间以及与结构、建筑模型之间的碰撞，如图 6-8 所示。

图 6-7 给水排水专业管道碰撞图

图 6-8 通风管道与结构梁碰撞图

3. 碰撞分析报告

碰撞检测的目的是寻找碰撞点，根据碰撞信息修改设计。HiBIM 可以将所有符合碰撞条件的碰撞点查找出来，生成碰撞检查报告。每条碰撞点包括碰撞类型、碰撞信息以及轴网定位，双击碰撞信息可以定位查看碰撞的具体三维情况，并进行实时修改（图 6-9、图 6-10）。

图 6-9 碰撞检查报告

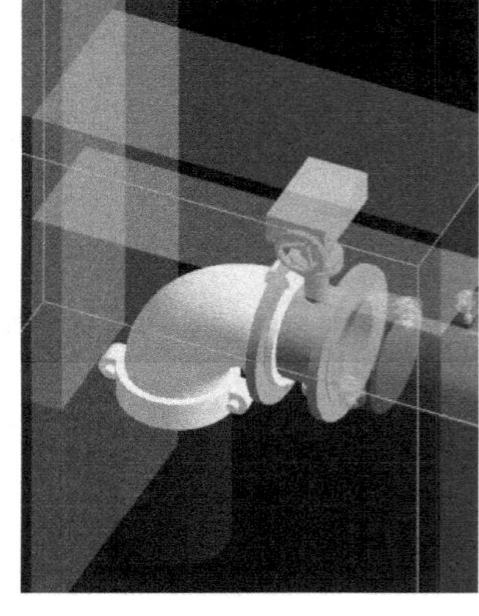

图 6-10 弯头与蝶阀碰撞局部三维视图

4. 碰撞检查流程

BIM 软件碰撞检查流程主要工作分为以下五个阶段：

（1）土建、安装各个专业模型提交；

（2）土建模型审核并修改，机电模型审核并修改；

（3）运行碰撞检查并定位修改；

（4）输出碰撞检查报告便于反查；

（5）重复以上工作，直到无碰撞为止。

6.1.3 BIM 项目管线综合基本原则与方法

在 BIM 深化设计中，项目管线综合调整是最常见的应用点，也是需要掌握相关原则和方法的技术性工作。通过项目管线综合，我们想要达到的主要目标有，做到综合管线初步定位及各专业之间无明显不合理的交叉；保证各类阀门及附件的安装空间；综合管线整体布局协调合理；保证合理的操作与检修空间等。

项目管线综合主要通过完成初步建模后的模型二次调整来完成，在管线综合中，我们应该遵守基本的布置原则和调整原则。

主要的基本布置原则如下：

（1）自上而下一般顺序应为电→风、水；

（2）管线发生冲突需要调整时，以不增加工程量为原则；

（3）对已有一次结构预留孔洞的管线，应尽量减少位置的移动；

（4）与设备连接的管线，应减少位置的水平及标高位移；

（5）布置时考虑预留检修及二次施工的空间，尽量将管线提高，与吊顶间留出尽量多的空间；

（6）在保证满足设计和使用功能的前提下，管道、管线尽量暗装于管道井、电井内、管廊内、吊顶内；

（7）要求明装的尽可能的将管线沿墙、梁、柱走向敷设，最好是成排、分层敷设布置。

在掌握基本布置原则完成基础模型建模和碰撞检查后，我们应根据调整原则来进行模型内管线位置调整，常规的管线调整原则如下：

（1）小管让大管：小管绕弯容易，且造价低；

（2）分支管让主干管：分支管一般管径较小，避让理由见第1条，另外还有一点，分支管的影响范围和重要性不如主干管；

（3）有压管让无压管（压力流管让重力流管）：无压管（或重力流管）改变坡度和流向，对流动影响较大；

（4）可弯管让不能弯的管；

（5）低压管让高压管：高压管造价高，且强度要求也高；

（6）输气管让水管：水流动的动力消耗大；

（7）金属管让非金属管：金属管易弯曲、切割和连接；

（8）一般管道让通风管：通风管道体积大，绕弯困难；

（9）阀件小的让阀件多的：考虑安装、操作、维护等因素；

（10）检修次数少的方便的让检修次数多的和不方便的：这是从后期维护方面考虑的；

（11）常温管让高（低）温管（冷水管让热水管、非保温管让保温管）：高于常温要考虑排气；低于常温要考虑防结露保温；

（12）热水管道在上，冷水管道在下；

（13）给水管道在上，排水管道在下；

（14）电气管道在上，水管道在下；风管道在中下；

（15）空调冷凝管、排水管对坡度有要求，应优先排布；

（16）空调风管、防排烟风管、空调水管、热水管等需保温的管道要考虑保温空间；

（17）当冷、热水管上下平行敷设时，冷水管应在热水管下方，当垂直平行敷设时，冷水管应在热水管右侧；

（18）水管不能水平敷设在桥架上方；

（19）出入口位置尽量不安排管线，以免人流进出时给人压抑感；

（20）材质比较脆、不能上人的管道安排在顶层；如复合风管必须安排在最上面，桥架安装、电缆敷设、水管安装必须不影响风管的成品保护。

除此之外，我们还应在管线综合操作时考虑一些具体的注意点，例如并排排列的管道，阀门应错开位置；给水管道与其他管道的平行净距一般不应小于 300mm；管道外表面或隔热层外表面与构筑物、建筑物（柱、梁、墙等）的最小净距不应小于 100mm；法兰外缘与构筑物、建筑物的最小净距不应小于 50mm，等等。这些注意事项在实际工程中直接影响到安装操作能否顺利进行，因此也是管线综合的调整点。

6.1.4 BIM 模型管道避让与设计深化

在掌握了管线综合优化的基本原则后，我们通过调整模型中已有的管线来进行优化操作。在 Revit 基本界面中，我们一般通过重新绘制某段管线来完成优化操作；而在 HIBIM 的基本界面中，我们则可以使用模型优化模块中的管线对齐、单层管线排布、手动避让和全自动绕弯功能来完成管道优化，操作菜单如图 6-11 所示。

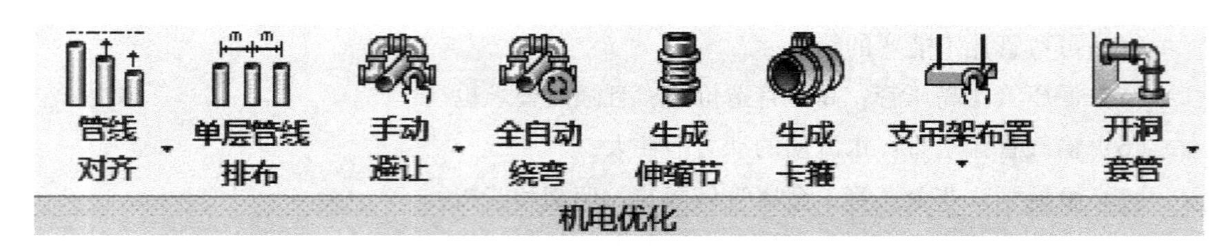

图 6-11 操作菜单

其中，管线对齐主要是将不同标高的管线在平面上对齐，对齐前后的效果如图 6-12、图 6-13 所示。

单层管线排布功能，主要用于调整管线间距。我们可以选择中心间距或者外边间距进行调整，调整的菜单和效果如图 6-14，图 6-15 所示。

同时，在模型调整中，我们可以通过避让的功能来完成管线的相对位置调整。在 HIBIM 菜单中，避让分手动避让和智能避让两种，如图 6-16 所示。

手动避让和智能避让均可完成碰撞的管道位置调整，其区别主要在于，手动避让需要自行定义避让点位置，而智能避让通过框选管线自动根据预设的参数实现管线间的调整，在参数无误的情况下，智能避让与手动避让的效果没有区别，都能快速完成翻管等位置调整操作，调整前后的对比如图 6-17、图 6-18 所示。

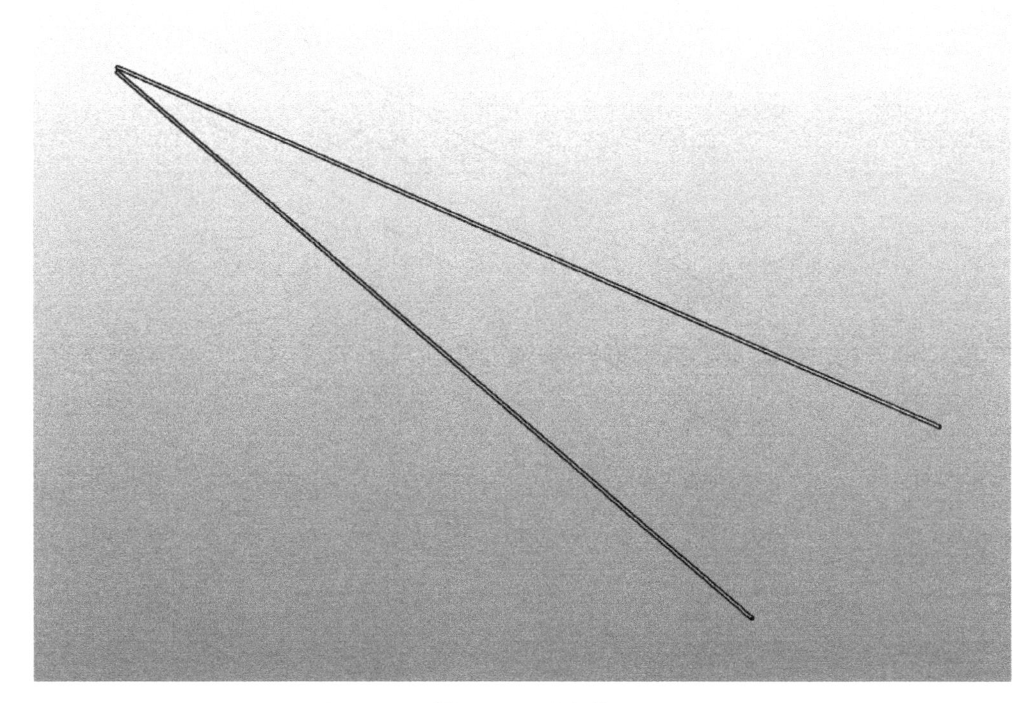

图 6-12　对齐前

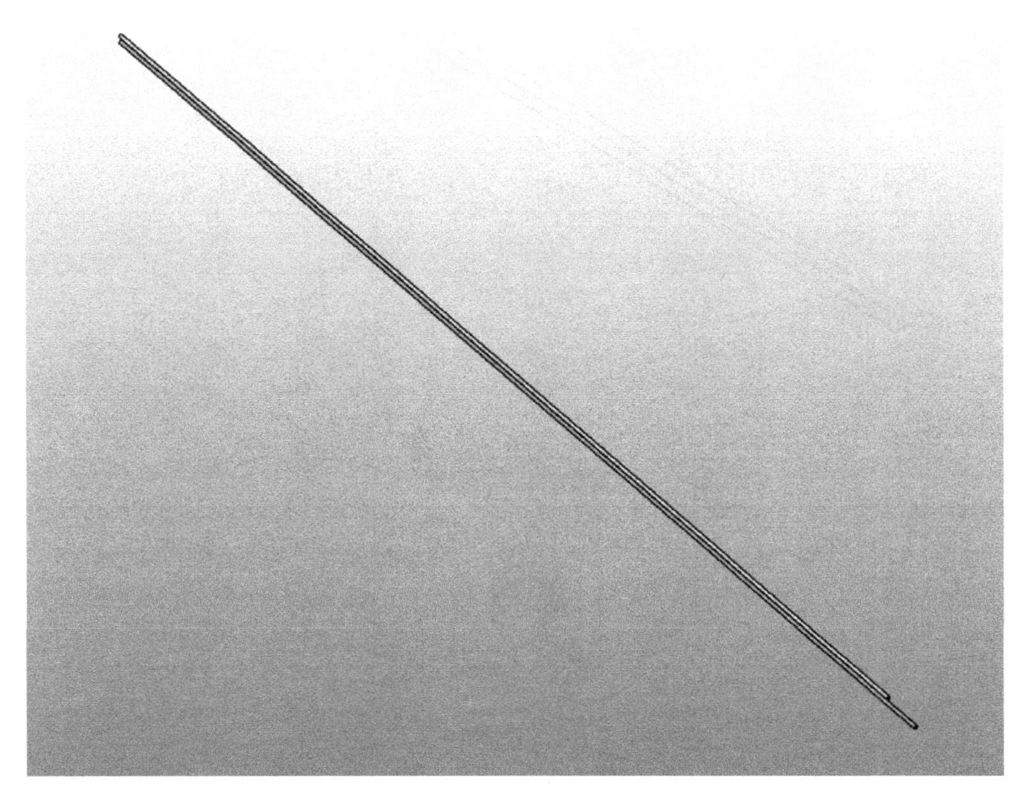

图 6-13　对齐后

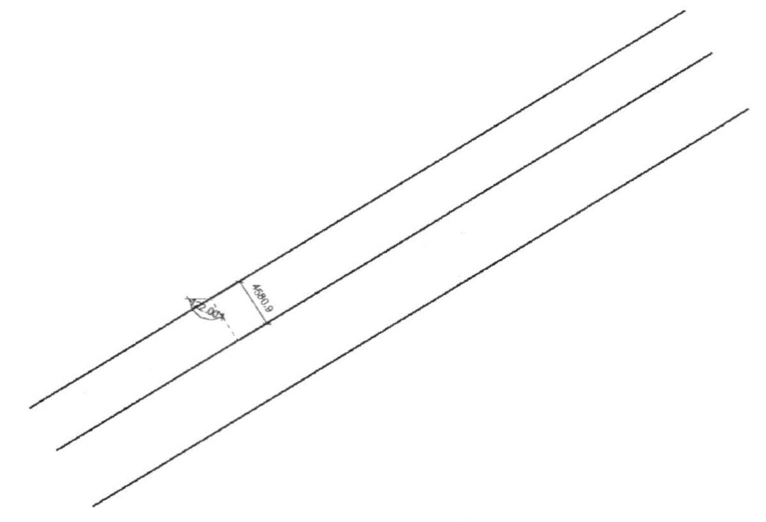

图 6-14 调整前

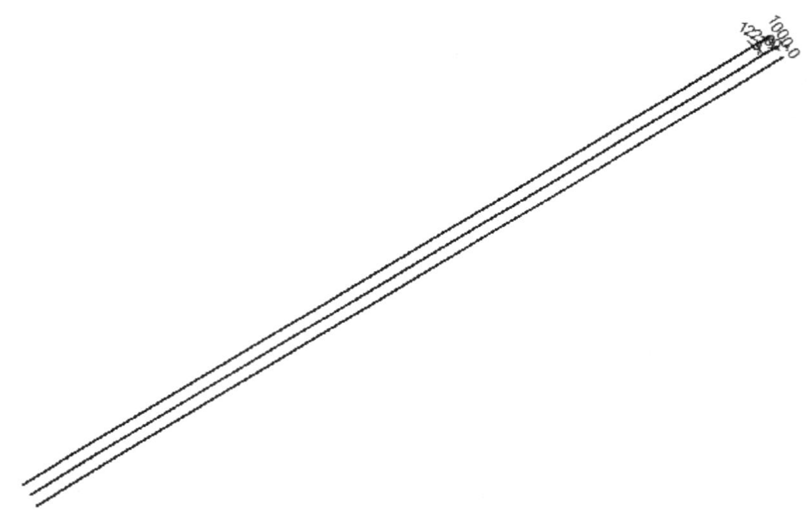

图 6-15 调整后

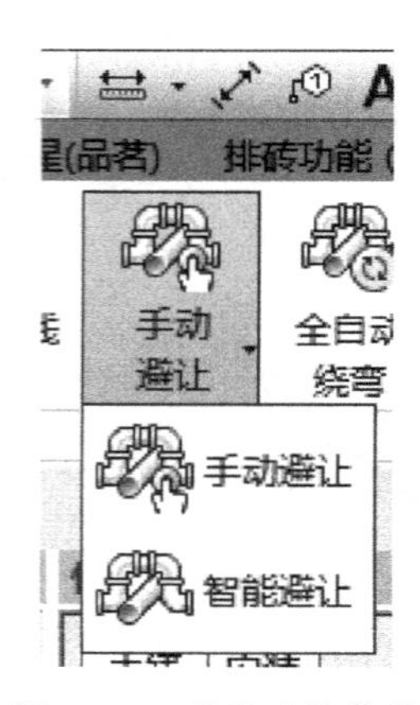

图 6-16 避让功能菜单

图 6-17 避让前

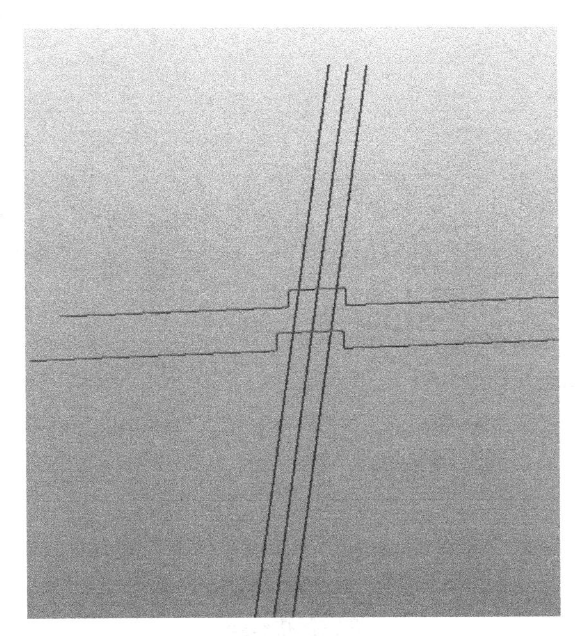

图 6-18 避让后

相比较而言，全自动绕弯的功能可以在所有被选择的管道系统上自动设置弯头，更便于快速设计，但由于全自动绕弯无法像手动避让和智能避让一样设置避让参数，对于大部分位置较为适用，但在某些特殊位置仍需用手动功能进行优化调整。全自动绕弯的操作效果如图 6-19，图 6-20 所示。

图 6-19　操作前

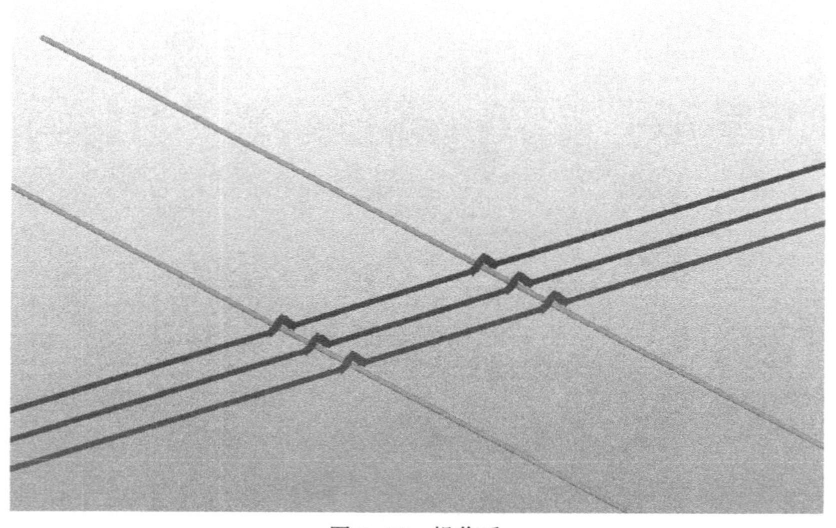

图 6-20　操作后

BIM 模型深化设计
（碰撞分析报告、管道避让）

6.1.5 HIBIM 净高分析

室内净高是指楼面或地面至上部楼板底面或吊顶底面之间的垂直距离。其中，根据住建部、国家质量监督检验检疫总局联合发布的《住宅设计规范》GB50096-2011 规定，住宅层高宜为 2.80m，卧室、起居室的室内净高不应低于 2.40m，局部净高不应低于 2.10m，且其面积不应大于室内使用面积的 1/3；利用坡屋顶内空间作卧室、起居室时，其 1/2 面积的室内净高不应低于 2.10m；厨房、卫生间的室内净高不应低于 2.20m；厨房、卫生间内排水横管下表面与楼面、地面净距不得低于 1.90m，且不得影响门、窗扇开启。

管线综合净高分析是指分析在管线无碰撞并满足现场安装、检修要求的情况下，管道的下表面与楼面、地面净距是否符合标准。一般是指地下室的管线综合净高分析，主要用于检测风管、桥架、水管是否低于净高设定值。

HIBIM 净高分析功能菜单如图 6-21 所示，可自动检查相应楼层的净高并找出不符合要求的位置。

6.1.6 BIM 模型管道卡箍、支吊架

在实际安装过程中，对于管道和桥架经常要设置附加的约束件，如卡箍，支吊架等。在 HIBIM 功能当中，我们可以用较为简化的方法来自动进行设置。

设置卡箍的功能菜单如图 6-22 所示。

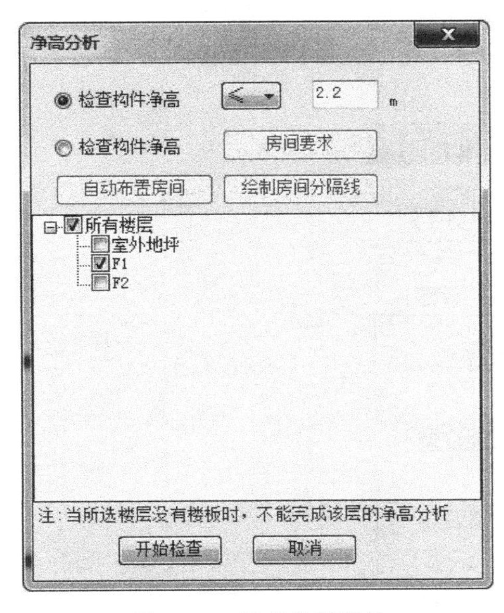

图 6-21　净高分析菜单

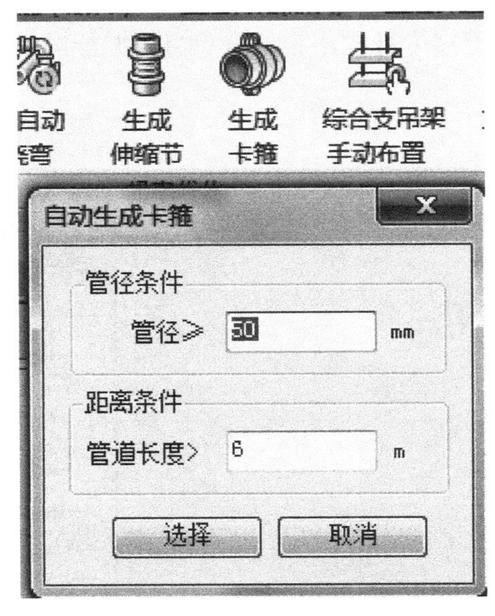

图 6-22　卡箍菜单

在定义完卡箍的设置条件后，选择需要设置卡箍的管网，会自动根据条件限制生成

卡箍，效果如图 6–23 所示。

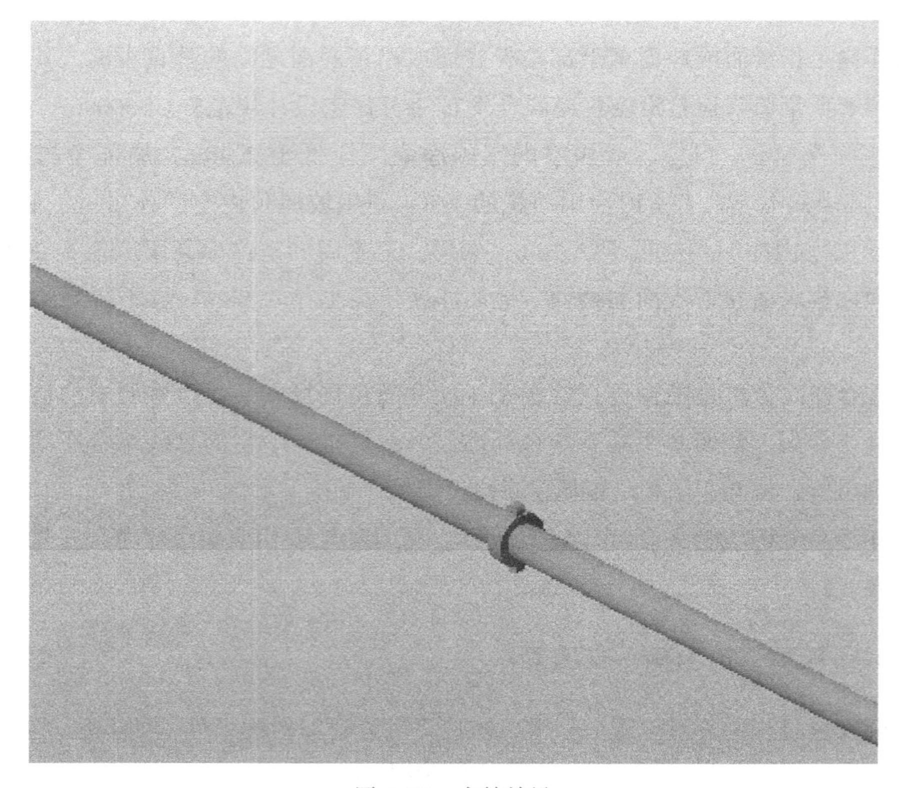

图 6–23　卡箍效果

支吊架设置的功能分为基于单一构件的支吊架设置和基于专业的支吊架设置，也可以进行多专业支吊架综合设置，并能够导出支吊架计算书。操作菜单见图 6–24。

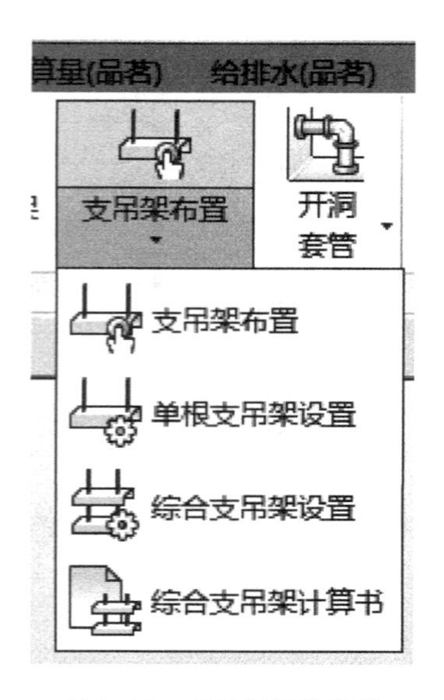

图 6–24　支吊架操作菜单

其中，除了单独的支吊架设置采用默认参数生成外，无论是单专业支吊架还是多专业支吊架设置，都可以选择支吊架的形式和相关物理参数，自动布置较为实用。其参数设置如图 6-25、图 6-26 所示。

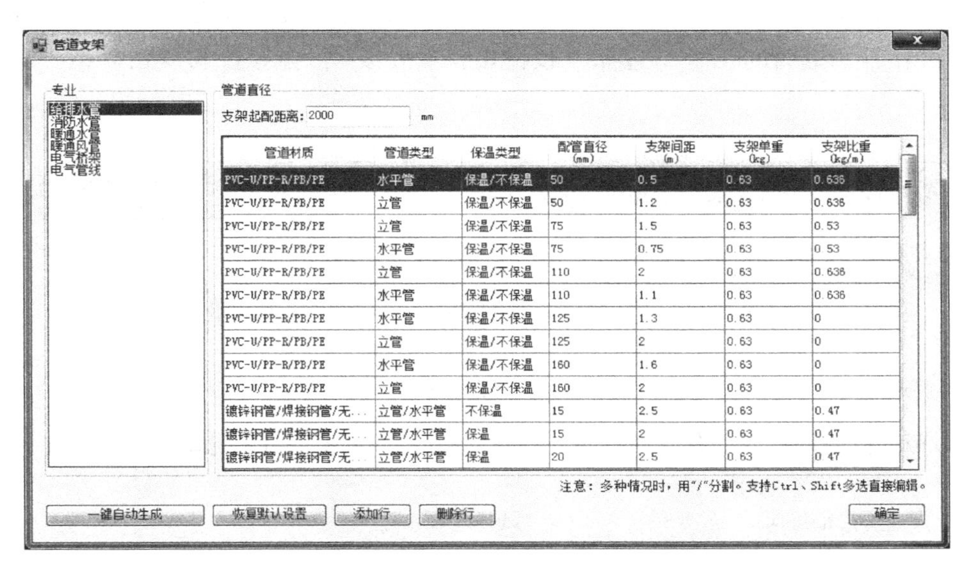

管道材质	管道类型	保温类型	配管直径 (mm)	支架间距 (m)	支架单重 (kg)	支架比重 (kg/m)
PVC-U/PP-R/PB/PE	水平管	保温/不保温	50	0.5	0.63	0.636
PVC-U/PP-R/PB/PE	立管	保温/不保温	50	1.2	0.63	0.636
PVC-U/PP-R/PB/PE	立管	保温/不保温	75	1.5	0.63	0.53
PVC-U/PP-R/PB/PE	水平管	保温/不保温	75	0.75	0.63	0.53
PVC-U/PP-R/PB/PE	立管	保温/不保温	110	2	0.63	0.636
PVC-U/PP-R/PB/PE	水平管	保温/不保温	110	1.1	0.63	0.636
PVC-U/PP-R/PB/PE	水平管	保温/不保温	125	1.3	0.63	0
PVC-U/PP-R/PB/PE	立管	保温/不保温	125	2	0.63	0
PVC-U/PP-R/PB/PE	水平管	保温/不保温	160	1.6	0.63	0
PVC-U/PP-R/PB/PE	立管	保温/不保温	160	2	0.63	0
镀锌钢管/焊接钢管/无...	立管/水平管	不保温	15	2.5	0.63	0.47
镀锌钢管/焊接钢管/无...	立管/水平管	保温	15	2	0.63	0.47
镀锌钢管/焊接钢管/无...	立管/水平管	保温	20	2.5	0.63	0.47

图 6-25　管道支架参数设置

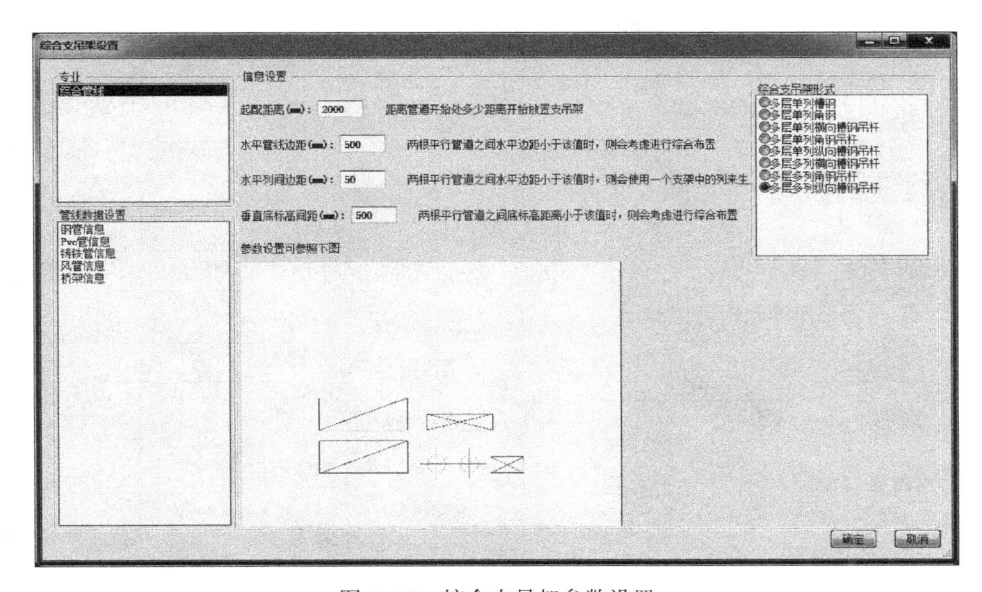

图 6-26　综合支吊架参数设置

BIM 模型净高分析与支吊架布置

6.1.7 BIM 模型预留洞口

HIBIM 具备根据土建模型和设备模型的现状自动开设预留洞口和加设套管的功能，其参数设置见图 6-27。但是，对于链接模型，要将模型绑定链接才能完成开洞套管，若在开洞套管对话框中选择“仅链接模型管线”，会导致洞口在模型中不显示的问题。

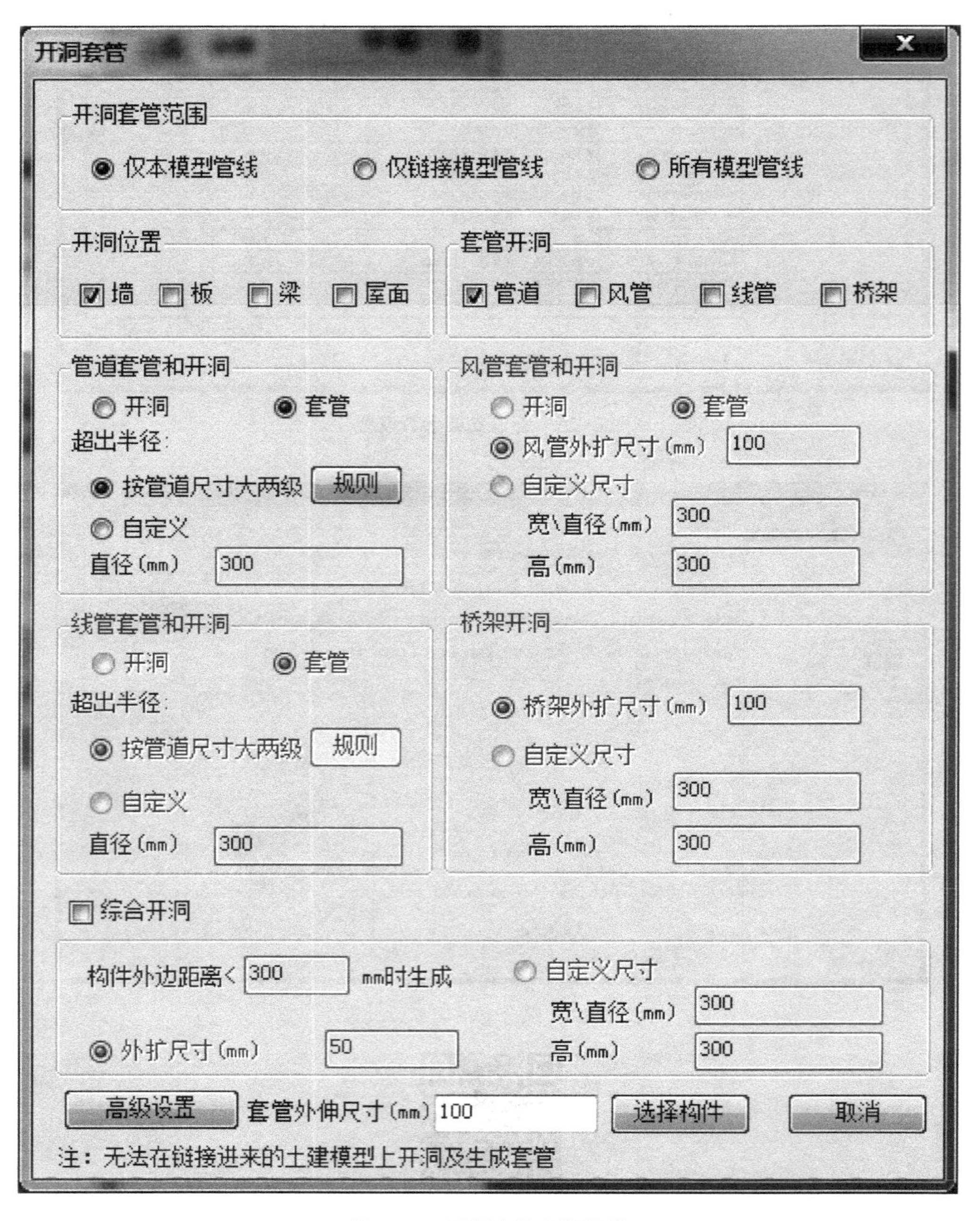

图 6-27　开洞套管参数设置

在完成开洞后，还支持导出开洞报表，并能根据模型的更新自动更新套管位置，而不需要重新设置参数。菜单位置和样例如图 6-28、图 6-29 所示。

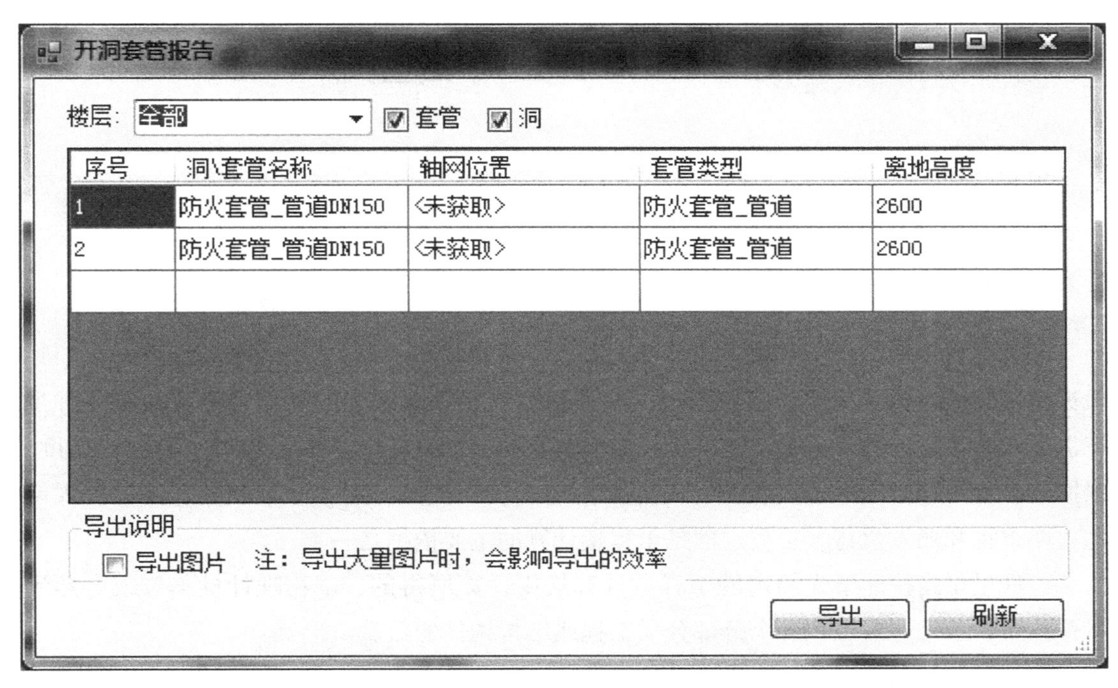

图 6-28　开洞套管报告

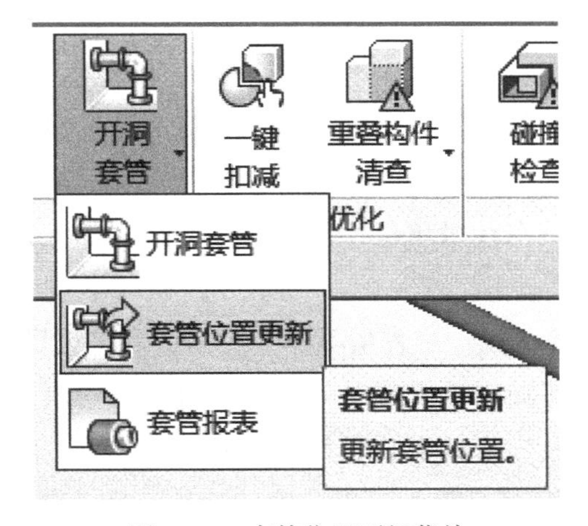

图 6-29　套管位置更新菜单

BIM 模型预留洞口（预留洞口、开洞套管）

7　BIM 出图与出量

7.1　BIM 工程出量

7.1.1　土建定额及计算基本规则

建筑工程定额是在正常施工条件下，完成单位合格产品所必须消耗的劳动力、材料、机械台班的数量标准。这种量的规定，反映出完成建设工程中的某项合格产品与各种生产消耗之间特定的数量关系。建筑工程定额是根据国家一定时期的管理体系和管理制度，根据定额的不同用途和适用范围，由国家指定的机构按照一定程序编制的，并按照规定的程序审批和颁发执行。工程定额是工程量计算的主要依据之一。

工程量是指按照事先约定的工程量计算规则计算所得的、以物理计量单位或自然计量单位所表示的建筑工程各个分部分项工程或结构构件的数量。

工程量包括两个方面的含义：计量单位和工程数量

计量单位：计量单位有物理计量单位和自然计量单位，物理计量单位是指以度量表示的长度、面积、体积和重量等单位；自然计量单位是指以客观存在的自然实体表示的个、套、樘、块、组等单位。

计量单位还有基本计量单位和扩大计量单位，基本计量单位如 m、m^2、m^3、kg、个等；扩大计量单位如 10m、100m^2、1000m^3 等。

工程量清单一般采用基本计量单位，预算定额常采用扩大计量单位，应用时一定要注意单位换算。

实物工程量：应该注意的是，工程量不等于实物量。实物量是实际完成的工程数量，而工程量是按照工程量计算规则计算所得的工程数量。为了简化工程量的计算，在工程量计算规则中，往往对某些零星的实物量作出扣除或不扣除、增加或不增加的规定。工程量计算力求准确，它是编制工程量清单、确定建筑工程直接费、编制施工组织设计、编制材料供应计划、进行统计工作和实现经济核算的重要依据。

1. 工程量计算的依据：

（1）施工图纸及设计说明、标准图集、图纸答疑、设计变更；

（2）施工组织设计或施工方案；

（3）招标文件的商务条款；

（4）《计价规则》、《消耗量定额》中的“工程量计算规则”。

2. 工程量计算的传统步骤：

（1）熟悉图纸：工程量计算必须根据招标文件和施工图纸所规定的工程范围和内容计算，既不能漏项，也不能重复。

（2）划分项目（列出须计算工程量的分部分项工程名称）：工程量清单和消耗量定额项目划分有区别。

（3）确定分项工程计算的顺序。

（4）根据工程量计算规则列出计算式。

（5）汇总工程量。

3. 传统的工程量计算要求：

（1）必须按图纸计算

工程量计算时，应严格按照图纸所标注的尺寸进行计算，不得任意加大或缩小、任意增加或减少，以免影响工程量计算的准确性。图纸中的项目要认真反复清查，不得漏项和重复计算。

（2）必须按工程量计算规则进行计算

工程量计算规则是计算和确定各项消耗指标的基本依据，也是工程量计算的准绳。例如；1.5 砖墙的厚度，无论图纸怎么标注或命名，都应以计算规则规定的 365mm 进行计算。

（3）必须保持口径一致

施工图列出的工程项目（工程项目所包括的内容和范围）必须与计量规则中规定的相应工程项目相一致。计算工程量除必须熟悉施工图纸外，还必须熟悉计量规则中每个工程项目所包括的内容和范围。

（4）必须列出计算式

在列计算式时，必须确保部位清楚，详细列项标出计算式，注明计算结构构件的所处部位和轴线，保留计算书，作为复查的依据。工程量的计算式应按一定的格式排列，如面积=长×宽、体积=长×宽×高。

（5）必须保证计算准确

工程量计算的精度将直接影响着工程造价确定的精度，因此，数量计算要准确（工程量的精确度应保留有效位数：一般是按顿计量的保留三位、自然计量单位的保留整数、其余保留两位）。

（6）必须保持计量单位一致

工程量的计量单位，必须与计量规则中规定的计量单位相一致，有时由于使用的《计量规则》不同、所采用的制作方法和施工要求不同，其工程量的计量单位是有区别的，应予以注意。

（7）必须注意计算顺序

为了计算时不遗漏项目，又不产生重复计算，应按照一定的顺序进行计算。

（8）力求分层分段计算

结合施工图纸尽量做到结构按楼层、内装修按楼层分房间、外装修按立面分施工层计算，或按要求分段计算，或按使用的材料不同分别计算。在计算工程量时既可避免漏项，又可为编制施工组织设计提供数据。

（9）必须注意统筹计算。

（10）各个分项工程项目的施工顺序、相互位置及构造尺寸之间存在内在联系，要注意统筹计算顺序。例如：墙基沟槽挖土与基础垫层、砖墙基础与墙基防潮层、门窗与砖墙与抹灰之间的相互关系。通过了解这种存在的相互关系，寻找简化计算过程的途径，以达到快速、高效的目的。

7.1.2 BIM 模型土建出量

HIBIM 具备土建算量的功能，在进入土建算量模块时，首先进行算量楼层选择，如图 7-1 所示。

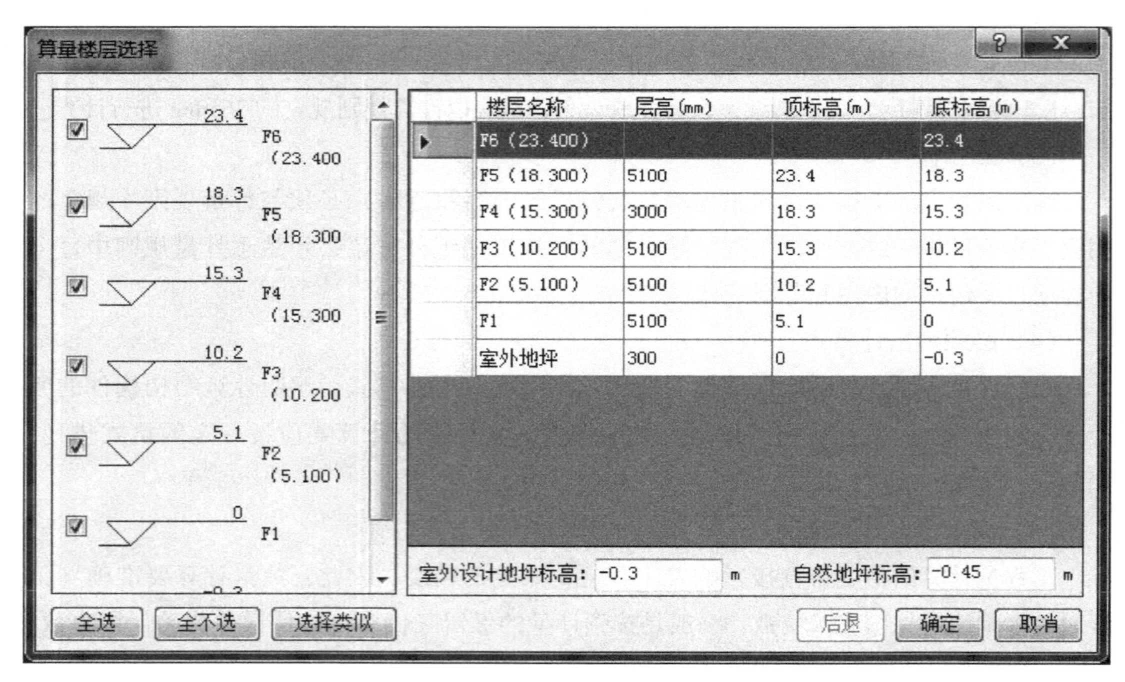

图 7-1 算量楼层选择

如存在导入后未识别的构件，可以使用土建构件类型映射功能进行规则调整，如图 7-2 所示。

在构件特征选项卡中，可以查看和修改不同构件的相关属性信息，如图 7-3 所示。

根据实际情况在算量模式菜单中选择计算模式，并可对清单和定额的规则进行载入和修改，如图 7-4 所示。

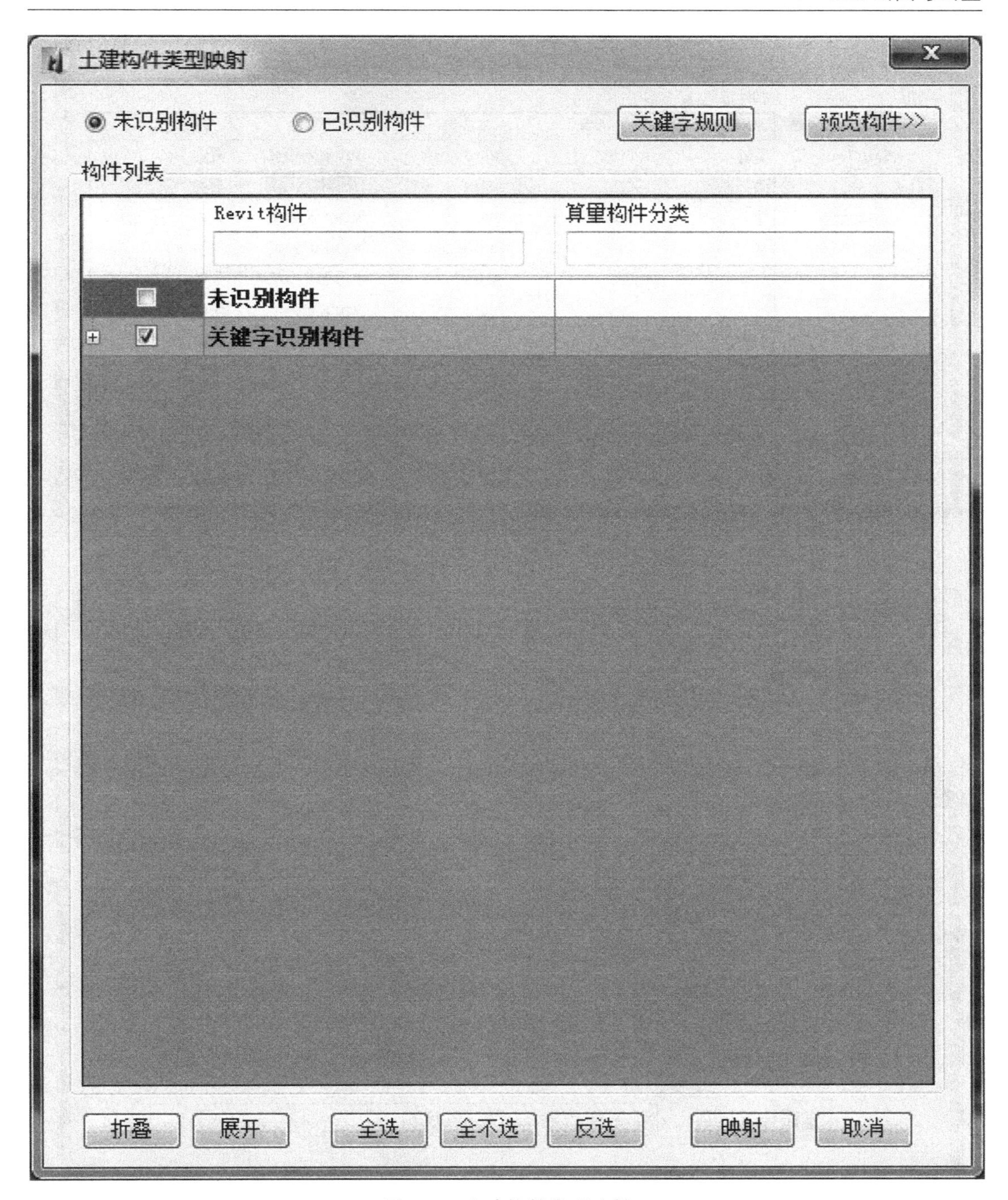

图 7-2 土建构件类型映射

点击土建计算进行计算工作，根据实际需求选择计算范围和构件类型。完成计算后可以在土建报表中查看，并能导出 Execl 文件或导入品茗胜算软件。此外，修改与查看功能中也提供了分类算量属性的归类修改和 Revit 实物量与构件清单定额量分别导出的功能，适用于各种需求场景，相比单纯的 Revit 实物量出量更符合工程实际的需求。

构件名称	砼强度	砖等级	砂浆等级	浇捣方法
基础	C25	MU10	M10水泥砂浆	泵送
墙	C25	MU10	M10水泥砂浆	泵送
柱	C25	MU10	M10水泥砂浆	泵送
梁	C25	MU10	M10水泥砂浆	泵送
次梁	C25	MU10	M10水泥砂浆	泵送
板	C25	MU10	M10水泥砂浆	泵送
构造柱	C20	MU10	M10水泥砂浆	非泵送
圈梁	C20	MU10	M10水泥砂浆	非泵送
其他	C30	MU10	M10水泥砂浆	非泵送

图 7-3　构件特征

算量模式

清单定额设置选项

◉ 清单　　○ 定额

模板：浙江2013清单模板

清单库：浙江2013清单库

定额库：浙江2010土建定额库

清单计算规则：浙江13清单计算规则

定额计算规则：浙江省土建10定额计算规则

实物量计算规则：实物量清单计算规则.ini

确定　取消

图 7-4　算量模式

7.1.3 安装定额及计算基本规则

安装工程量和土建工程量的计算规则基本相同，但对应的工种不同，具体计算所套用的定额和清单也不同。此外，我们应注意安装工程中的专业界面划分对计算产生的影响，例如给水管道室内外界线划分以入口阀门或距建筑物外墙皮1.5m为界等。

在计算方法上，根据各专业工程系统原理，以系统为计算导向，先分部工程后分项工程划分的顺序，采用自然及物理计量单位工程量的计算次序进行。工程量计算的一般要求与土建工程量计算相同。

下面我们对HIBIM安装出量中一些计算规则设置进行解释：

1. 超高设置（图7-5）

定额中的超高费是指操作物高度超出定额子目计算范围而需增加的人工费用。操作物高度是指有楼层的按楼地面安装物的垂直距离，无楼层的按操作地点（或设计正负零）至操作物的距离。因此，超高的设置值应由不同工种定额确定。

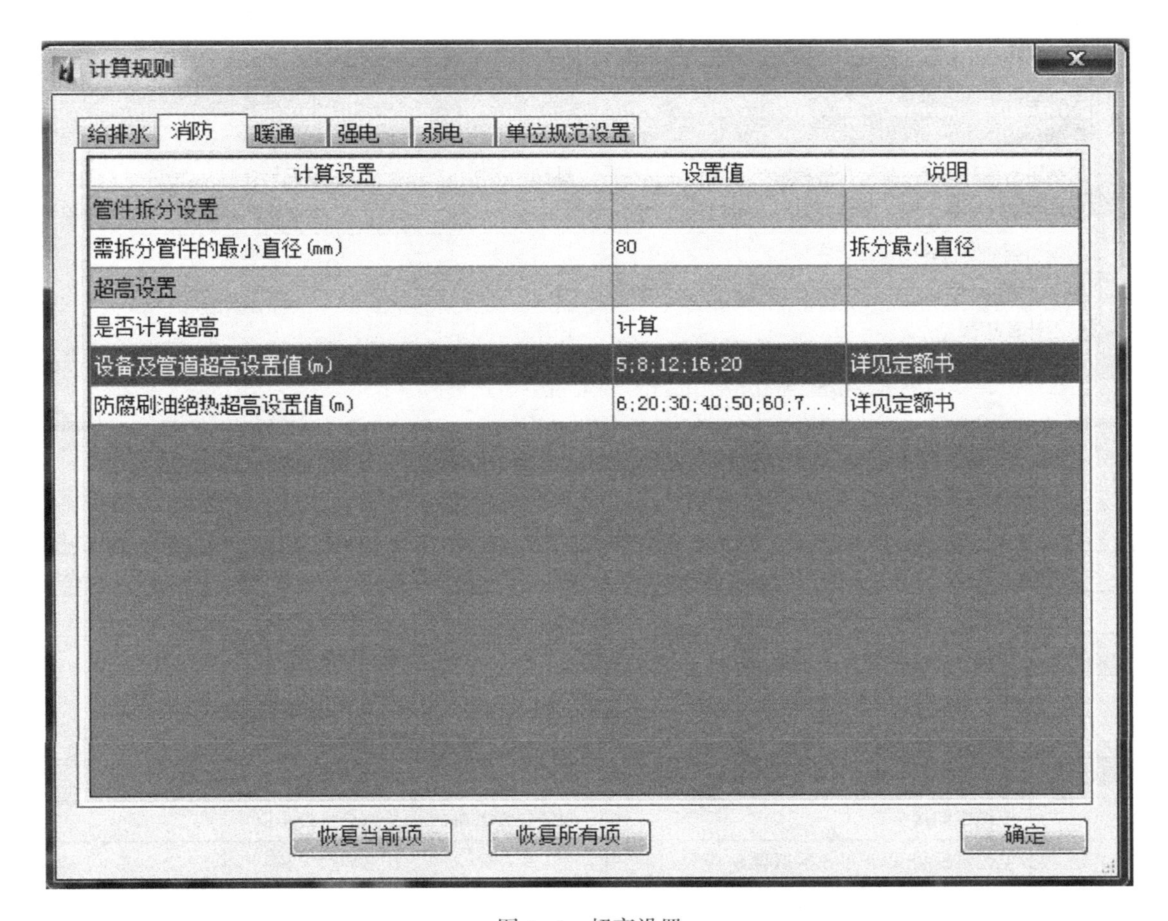

图7-5 超高设置

2. 线缆预留长度（图 7–6）

电缆计算时未包括因驰度增加长度、电缆绕梁（柱）增加长度以及电缆与设备连接、电缆接头等必要的预留长度，其增加工程量按表 7–1，在计算规则的模块中根据规定进行设置。

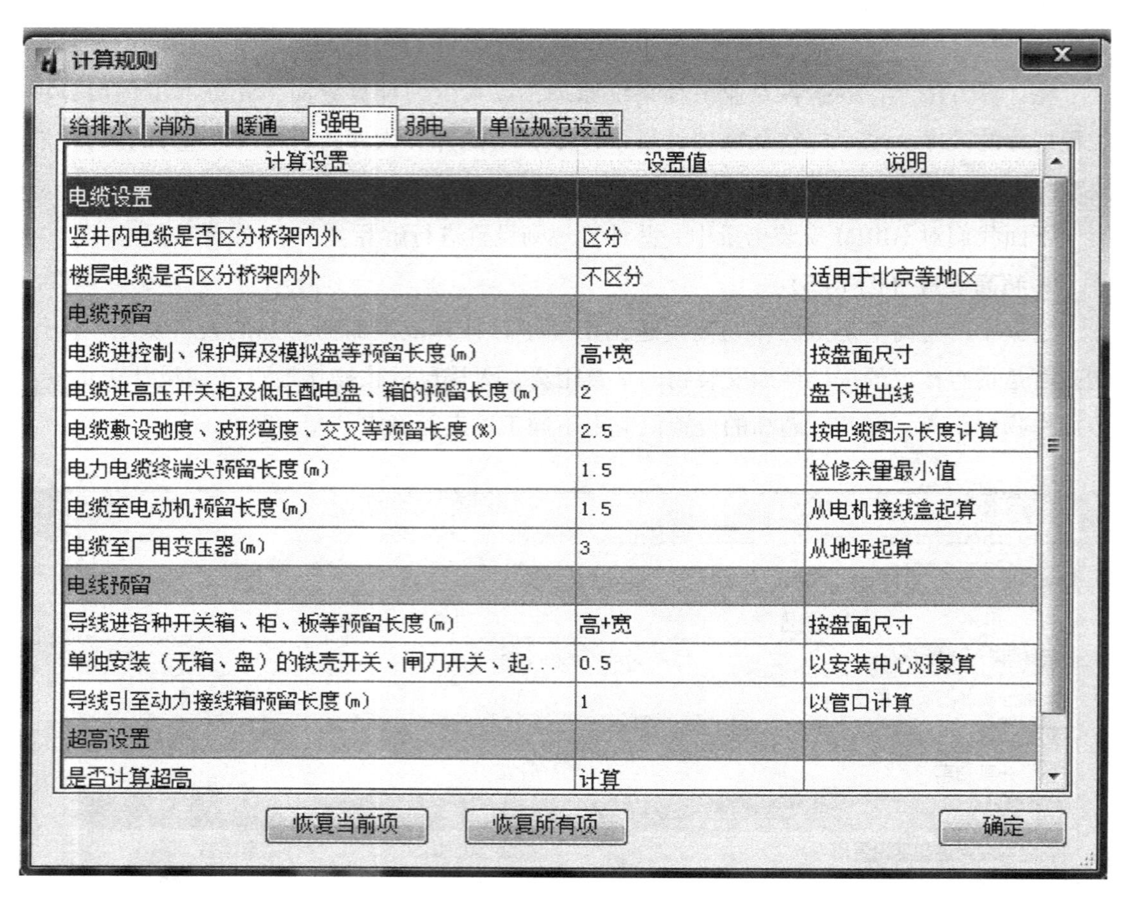

图 7–6　HIBIM 线缆预留长度设置

线缆预留长度　　　　表 7–1

序号	项　目	预留长度(附加)	说明
1	电缆敷设驰度、波形弯度、交叉	2.5%	按电缆全长计算
2	电缆进入建筑物	2.0m	规范规定最小值
3	电缆进入沟内或吊架时引上(下)预留	1.5m	规范规定最小值
4	变电所进线、出线	1.5m	规范规定最小值
5	电力电缆终端头	1.5m	检修余量最小值
6	电缆中间接头盒	两端各留 2.0m	检修余量最小值
7	电缆进控制、保护屏及模拟盘等	高+宽	按盘面尺寸
8	高压开关柜及低压配电盘、箱	2.0m	盘下进出线

续表

序号	项 目	预留长度(附加)	说明
9	电缆至电动机	0.5m	从电机接线盒起算
10	厂用变压器	3.0m	从地坪起算
11	电缆绕过梁柱等增加长度	按实计算	按被绕物的断面情况计算增加长度
12	电梯电缆与电缆架固定点	每处 0.5m	规范最小值

7.1.4 BIM 模型安装出量

HIBIM 安装算量的基本操作与土建算量相似，同样可以进行构件类型映射和算量模式调整，同时其也能进行部分计算规则的修改，如上节内容所示。此外，也可以进行不同管道特征的修改（图 7-7）、风管厚度设置（图 7-8）、弯头导流片设置（图 7-9）和防腐刷油定义（图 7-10）。

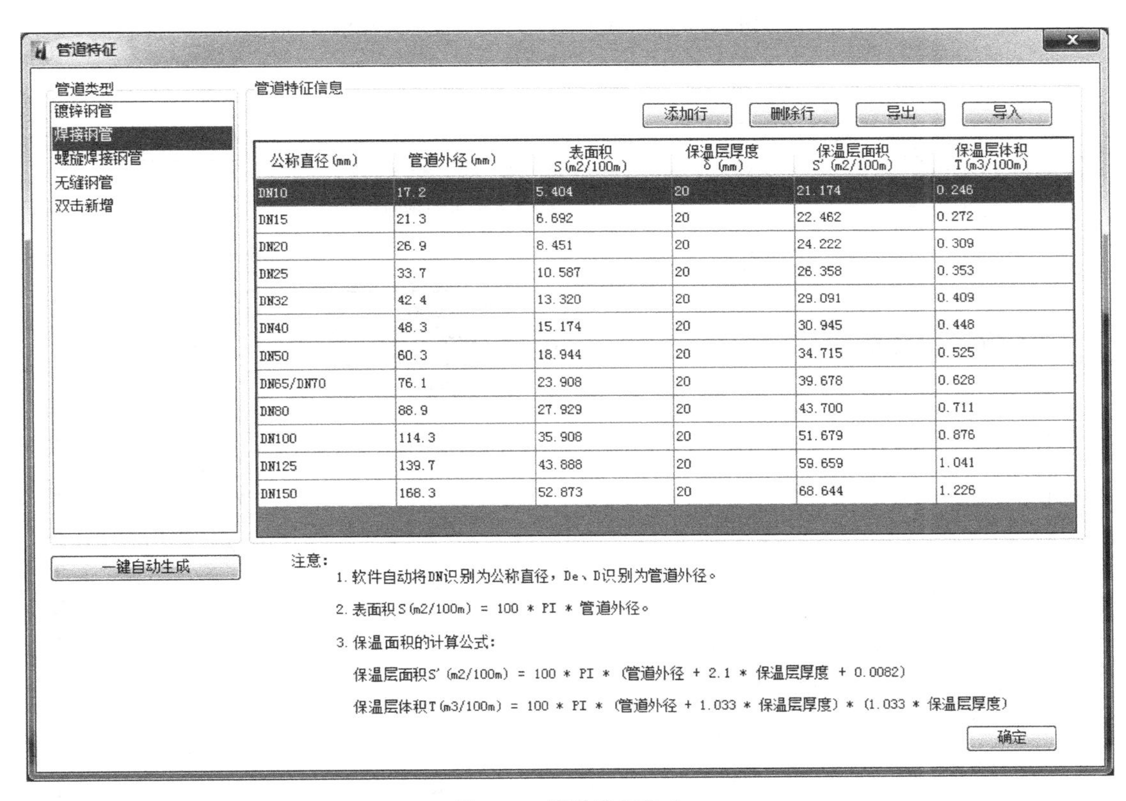

图 7-7 管道特征修改

完成各项设置后，点击安装计算进行算量，当显示计算成功时，即可通过报表预览功能查看和导出各项算量报表。同时，也可以通过表格算量的功能分别选择构件、设备进行统计和导出。

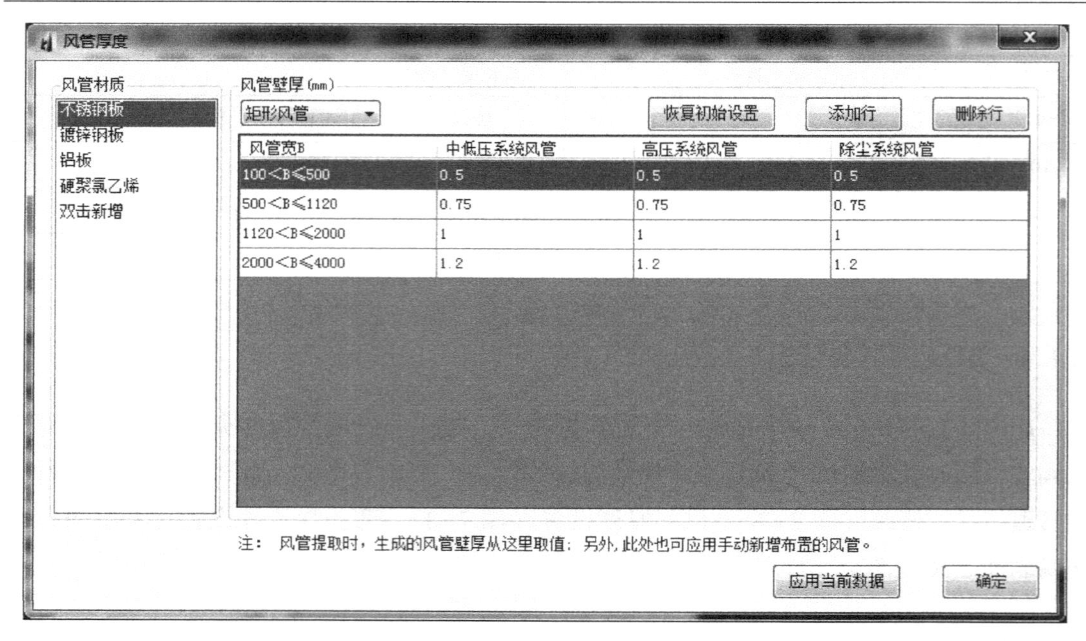

图 7-8 风管厚度设置

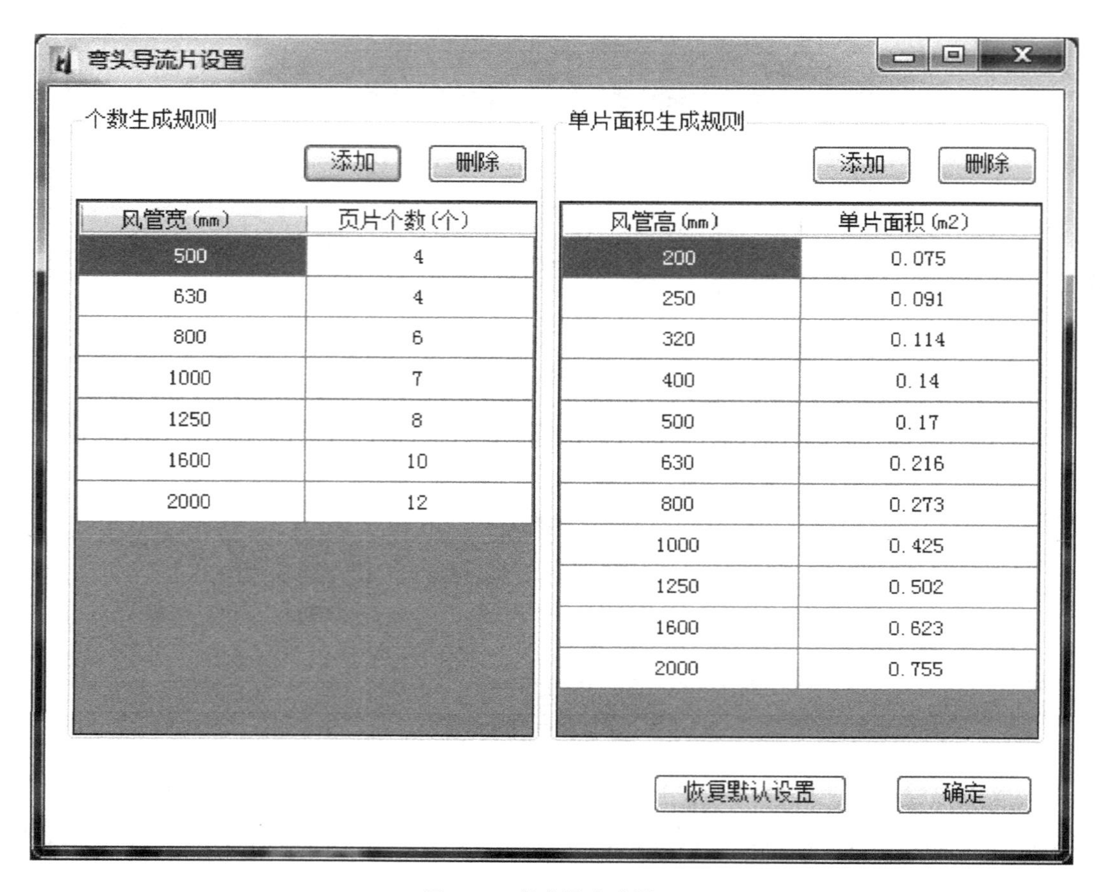

图 7-9 弯头导流片设置

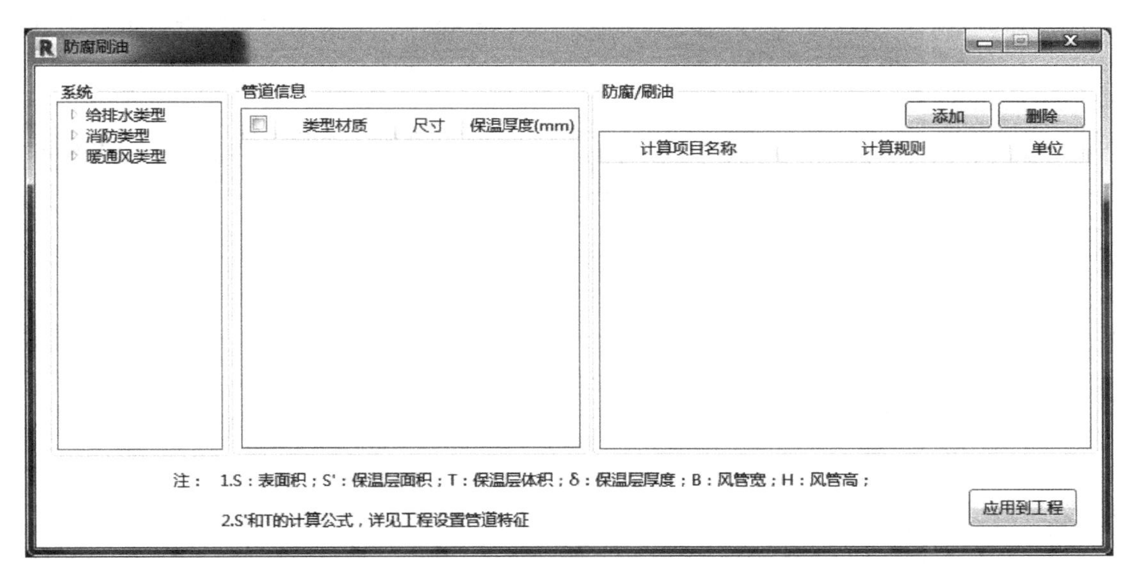

图 7-10 防腐刷油

7.2 BIM 施工出图

BIM 模型出量

7.2.1 BIM 施工出图要求

目前，我国仍没有国家层面的 BIM 或 3D 出图统一标准，法律意义上的成果交付文件仍是二维的施工图纸和相关的修订文件。实际工程中，我们经常对经过 BIM 协调优化的文件进行二次出图，结合优化后的三维模型、碰撞报告、优化报告等文件来提交相关的成果。

BIM 施工出图目前主要集中在建筑施工图和设备各专业施工图纸，结构专业由于计算软件与接口、平法标注图面表示等原因，尚不能做到完全符合国家相关规范的施工图出图。同时，完成管线综合后的 BIM 模型目前广泛作为成果用于项目 BIM 咨询工作的提交。

总体而言，BIM 二维施工图出图应满足的基本要求与常规的设计施工图出图要求一致，即应做到内容齐全、比例合理、图面清晰、图例正确、标注到位等。在传统的 Revit 建模中，通常我们将相关的图纸进行导出后会到 CAD 软件里进行二次加工，以提高出图效率。

7.2.2 BIM 标注与施工出图

传统的 Revit 标注效率相对较低，实际使用中经常引入各种插件。以 HIBIM 软件为例，提供了多种辅助功能进行图面设置和标注。

例如，图纸管理功能可以批量设置图纸尺寸，并将相关工作面导入图框，批量生成图纸，如图 7-11 所示。

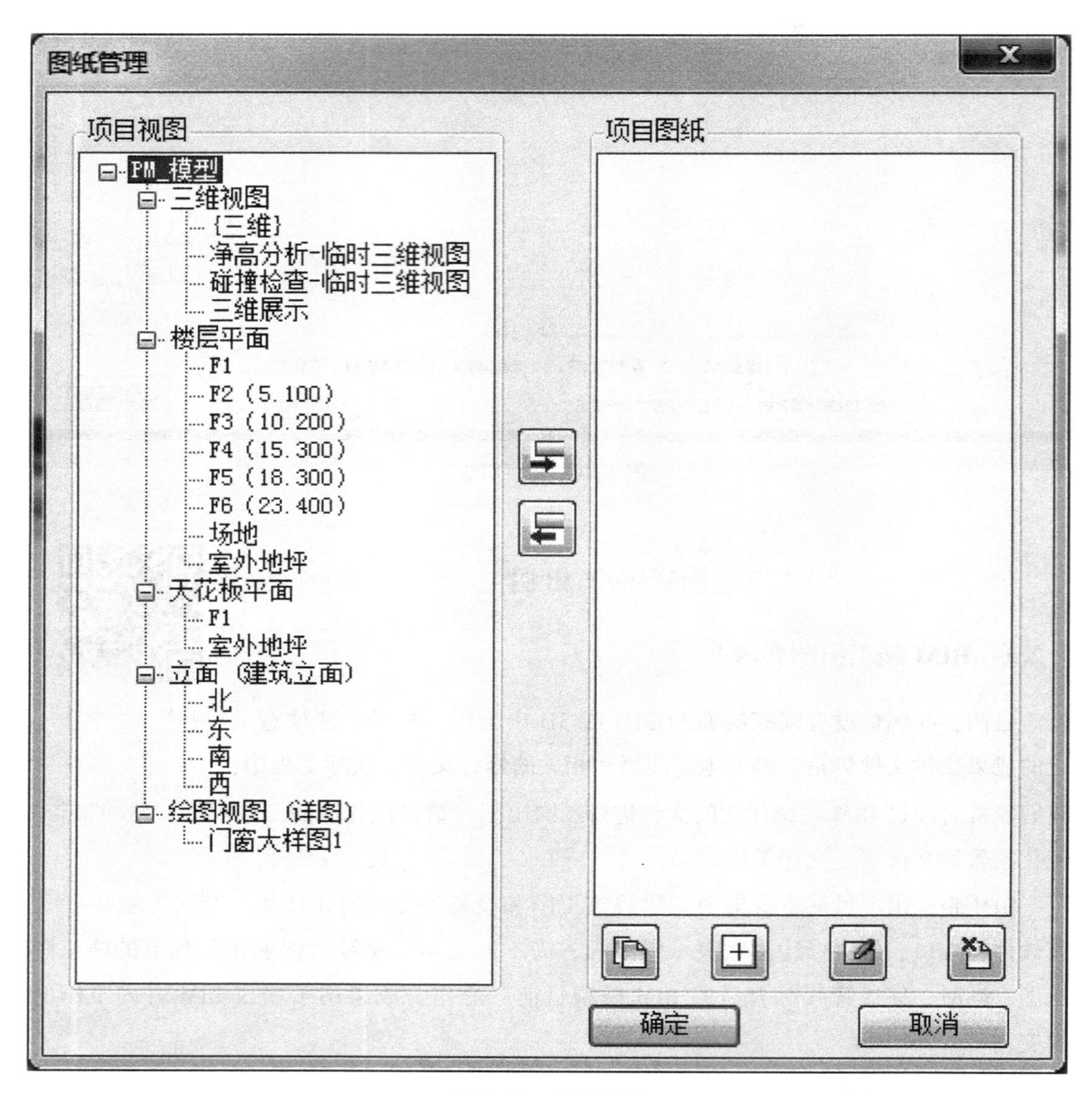

图 7-11　图纸管理

门窗大样功能可以框选某个范围内的所有门窗，自动生成 CAD 图纸所需的门窗大样，如图 7-12 所示。

多重标高功能可以快速生成多层标高标记，便于标准层绘制，如图 7-13 所示。

开洞套管标注可对模型内优化后的开洞和套管直接进行引注，为优化后图纸出图提供便利，如图 7-14 所示。

此外，工具栏中也提供了尺寸快捷标注的菜单，使得不少标注工作可以在建模界面

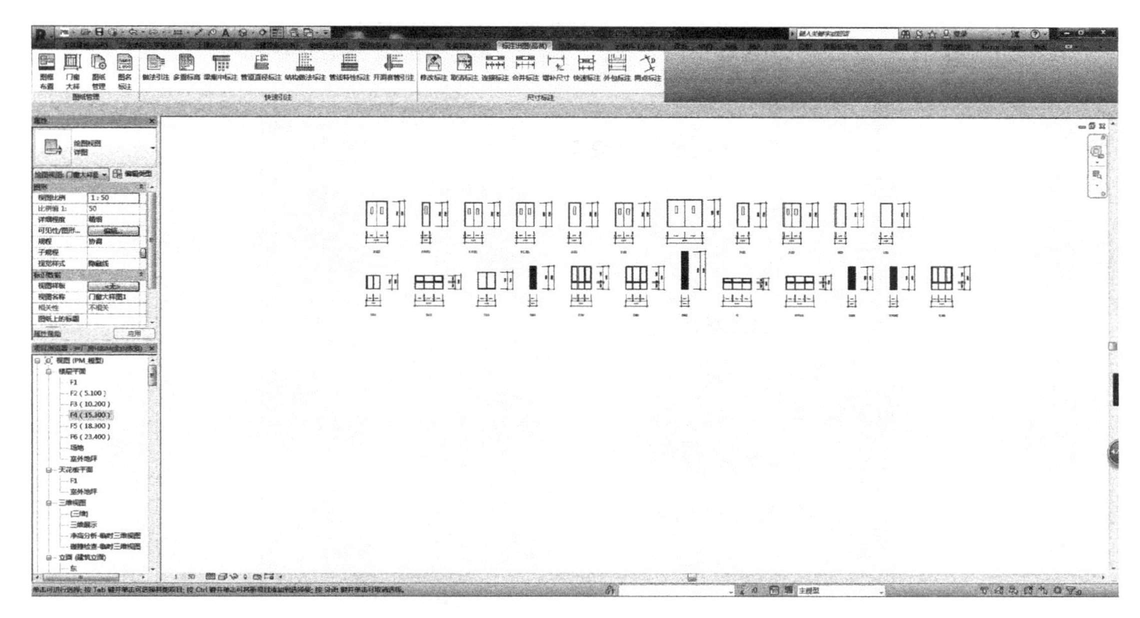

图 7-12 门窗大样

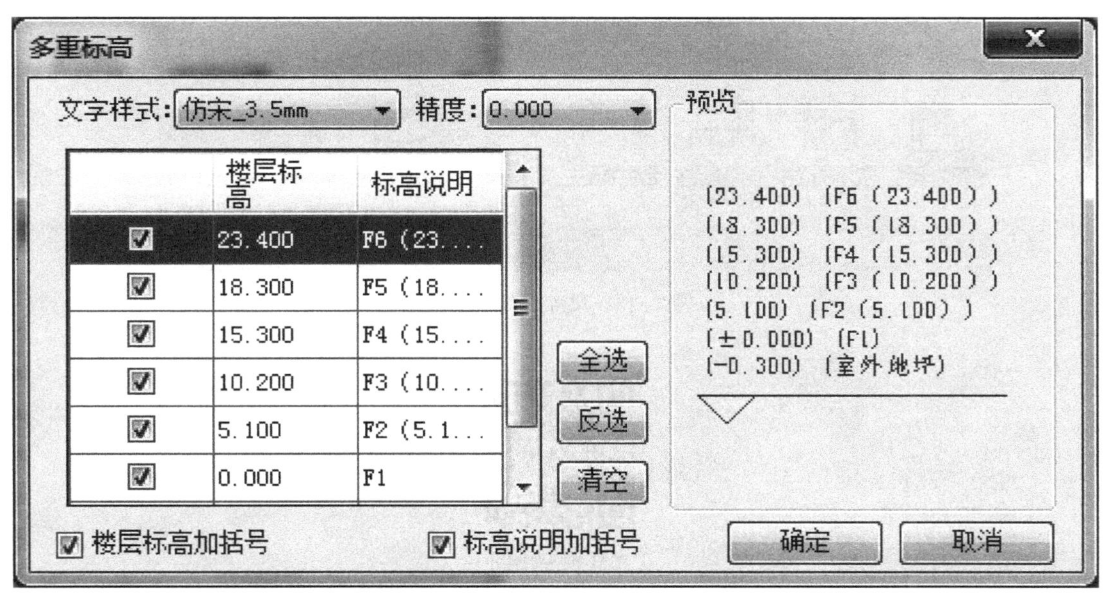

图 7-13 多重标高

中直接完成，而不需要转换到 CAD 平面图，既提高了效率，又避免了错误，如图 7-15 所示。

在完成图面设置和标注后，仍可继续使用基本的 DWG 导出功能，在 CAD 中进行二次出图前修改，在满足要求后进行出图操作。

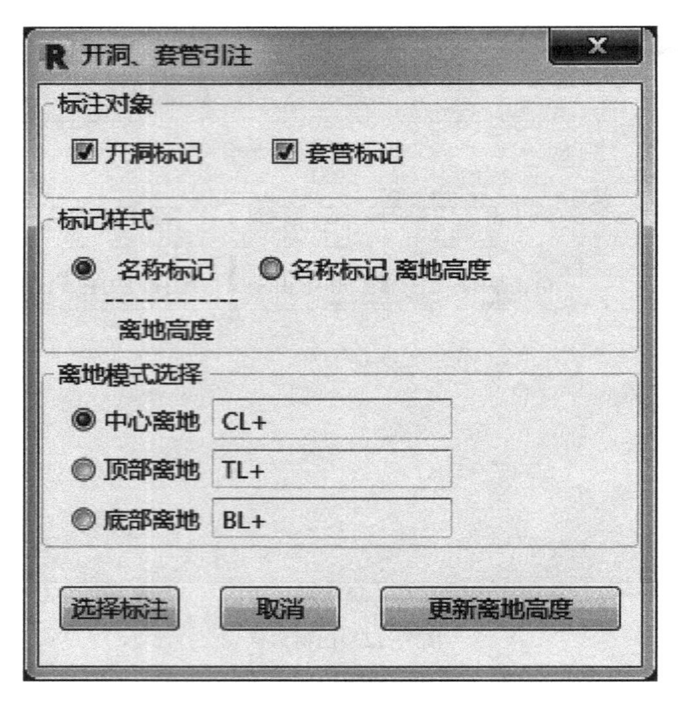

图 7-14 开洞套管标注

图 7-15 尺寸标注工具栏

BIM 模型出图

参考文献

[1] 王琳. 潘俊武. BIM 建模技能与实务 [M]. 北京：清华大学出版社，2017

[2] 柏慕进业. Autodesk Revit Architecture 2017 官方标准教程 [M]. 北京：电子工业出版社，2017

[3] 中华人民共和国住房和城乡建设部. 中华人民共和国国家标准建筑制图标准 GB/T50104-2010 [S]. 北京：中国计划出版社，2011

[4] 中国建筑标准设计研究院. 国家建筑标准设计图集 16G101-1 混凝土结构施工图平面整体表示方法制图规则和构造详图（现浇混凝土框架、剪力墙、梁、板）[s]. 北京：中国计划出版社，2016

[5] 夏玲涛. 施工图识读实务模拟 [M]. 北京：中国建筑工业出版社，2008

[6] 刘金生. 建筑设备（第二版）[M]. 北京：中国建筑工业出版社，2016

[7] 刘源全. 刘卫斌. 建筑设备（第 3 版）[M]. 北京：北京大学出版社，2017

[8] 中华人民共和国住房和城乡建设部. 建筑电气制图标准. GB/T50786-2012 [S]. 北京：中国建筑工业出版社，2012

[9] 中华人民共和国住房和城乡建设部. 暖通空调制图标准. GB/T50114-2010 [S]. 北京：中国建筑工业出版社，2010